有向图的
道路同调及覆盖

Path Homology and Covering of Digraphs

◎王冲 著

重庆大学出版社

内容提要

本书中,作者主要考虑了顶点加权有向图的加权持续道路同调、有向图的离散 Morse 理论及有向图的基本群和覆盖等问题.一方面,利用 Δ-语言实现了有向图的道路同调与超图的嵌入同调的统一.类比于单纯复形上的权重同调,考虑了顶点加权有向图的持续道路同调.同时,将道路同调的概念推广到一般有限集,给出了有限集的 Künneth 公式.进一步地,从有向图同调群的简化计算角度入手,考虑了有向图上的离散 Morse 理论.另一方面,梳理了有向图及与其对应的无向图在不同同伦等价意义下基本群之间的关系,证明了万有覆盖转化群与底图在 C-同伦意义下的基本群之间的同构.研究成果在一定程度上丰富了有向图道路同调和同伦理论,为有向图在数据分析等计算科学领域的应用提供一定的理论支撑.

图书在版编目(CIP)数据

有向图的道路同调及覆盖 / 王冲著. --重庆:重庆大学出版社,2023.3
ISBN 978-7-5689-3814-3

Ⅰ. ①有… Ⅱ. ①王… Ⅲ. ①有向图 Ⅳ.
①O157.5

中国版本图书馆 CIP 数据核字(2023)第 051518 号

有向图的道路同调及覆盖
YOUXIANGTU DE DAOLU TONGDIAO JI FUGAI
王 冲 著
策划编辑:秦旖旎

责任编辑:姜 凤   版式设计:杨粮菊
责任校对:邹 忌   责任印制:张 策

*

重庆大学出版社出版发行
出版人:饶帮华
社址:重庆市沙坪坝区大学城西路 21 号
邮编:401331
电话:(023)88617190 88617185(中小学)
传真:(023)88617186 88617166
网址:http://www.cqup.com.cn
邮箱:fxk@cqup.com.cn(营销中心)
全国新华书店经销
重庆华林天美印务有限公司印刷

*

开本:720mm×1020mm 1/16 印张:10.75 字数:156 千
2023 年 3 月第 1 版 2023 年 3 月第 1 次印刷
印数:1—1 000
ISBN 978-7-5689-3814-3 定价:58.00 元

※※※作者简介※※※

　　王冲,河北保定人,中国人民大学理学博士,主要从事图上的几何和拓扑学研究。现为沧州师范学院数学与统计系教师。近年来,累计发表核心期刊及以上论文十余篇。主持完成河北省教育厅、河北省科技厅、沧州市科技局及沧州师范学院校级课题多项。

前　言

近年来,随着互联网、大数据与人工智能的发展,出现了大量以复杂网络为数学模型的实际问题.例如,所有的微信用户和微信用户之间的好友关系、微信群关系是一个复杂网络,所有的科研人员和科研人员之间的合作关系也是一个复杂网络.这些复杂网络都是由千千万万个成员和交错复杂的关系组成的.目前,复杂网络的研究是一个非常热门和迫切的问题.相对于组合结构和几何结构而言,通过拓扑结构来刻画复杂网络更能反映一般局部几何量难以反映的整体性质,比组合结构更加贴近复杂网络的"形状",可以有效地近似,从而简化运算,在数据科学研究中有着重要的理论研究价值和广泛的应用前景.

同调群与同伦群(包括基本群)是两个重要的拓扑不变量.本书基于作者的博士论文,主要考虑了顶点加权有向图的加权持续道路同调、有向图的离散Morse理论及有向图的基本群和覆盖,研究成果在一定程度上丰富了有向图道路同调和同伦理论,为有向图在数据分析等计算科学领域的应用提供了一定的理论支撑.具体结构如下:

第1章,首先介绍了本书所研究问题的学科背景以及国内外研究现状,详细阐述了所研究问题的文献综述,主要包括有向图的道路同调和同伦及单纯复形的离散Morse理论.针对文献中的已有研究成果,结合有向图的自身特征进行可行性分析,提出了本书的主要研究问题.

有向图的传递闭包的道路空间是一个 Δ- 集合,有向图的道路空间可以看作其传递闭包的道路空间的分次子集.单纯复形可以看作特殊的 Δ- 集合,超图可以看作单纯复形的分次子集(这里按照维数分次).因此,在第 2 章中,我们利

用 Δ- 语言对有向图和超图进行了统一,并证明了当一个有向图没有回路时,该有向图的道路空间可以看作一个超图. 这时,超图的嵌入同调群与有向图的道路同调是一致的. 基于此,在第 3 章中,类比单纯复形的权重同调,对有向图的每个顶点赋予权重,考虑其顶点加权道路同调和加权持续道路同调,证明了当权重函数非退化时域系数的加权持续道路同调群与权重的无关性,给出了顶点加权有向图联结的 Künneth 公式及其持续形式. 进一步地,在第 4 章中将嵌入同调的概念推广到一般有限集,并证明了有限集的 Künneth 公式. 在第 5 章中,对照有向图的 Cartesian 乘积,定义了超图的乘积,并证明了主理想整环系数下超图的 Künneth 公式.

第 6 章和第 7 章,从有向图同调群的简化计算角度入手,考虑了有向图上的离散 Morse 理论及有向图联结上的离散 Morse 理论. 第 6 章给出了有向图上离散 Morse 函数可延拓为其传递闭包上离散 Morse 函数的充要条件,利用拟同构证明了一般有向图上的离散 Morse 理论,给出了有向图上非负函数为可延拓离散 Morse 函数的充分条件;对给定的两个有向图,可以通过联结构造一个更大的有向图. 构成联结的两个有向图称为联结图的因子. 第 7 章给出了由因子上的离散 Morse 函数确定的联结图上的函数是离散 Morse 函数的充要条件并证明了当因子满足一定条件时联结图上的离散 Morse 理论.

在第 8 章中,梳理了有向图及与其对应的无向图在不同同伦等价意义下基本群之间的关系,证明了有向图上保基线映射的 C- 同伦提升性质、有向图映射提升定理及万有覆盖转化群与底图在 C- 同伦意义下的基本群之间的同构.

以上研究成果得到了作者博士期间导师林勇教授的悉心指导和诸多良师益友的大力支持和帮助. 同时获得了河北省高等学校科学技术研究项目"有向图的离散莫尔斯理论"(编号:ZD2022168)和沧州师范学院校内基金"加权有向图的道路同调与持续道路同调"(编号:xnjjl1902)、"有向图的基本群和覆盖"(编号:XNJJLYB2021006)的资助. 在此向各位老师和朋友表示深深的感谢! 感谢各基金部门的支持! 感谢我的单位沧州师范学院提供的学习深造机会和搭建的良好科研平台！

　　另外，作者在写作过程中参考了相关领域大量的文献资料，在此向各位作者致以崇高的敬意和真挚的感谢，向中国知网、百度学术、arXiv 等数据平台表示深深的感谢！我会以各位专业大师为榜样，不断进取，争取做出更好的研究成果. 本书中，由于作者专业知识结构的局限，对问题的认识不够深入、全面，难免会出现疏漏，在此恳请广大读者和专业同仁给予批评指正.

　　再次感谢在本书前期准备、写作及出版过程中给予我帮助的所有人！

王　冲

2022 年 9 月

目　录

第 1 章　有向图的同调和同伦概要

1.1　有向图[①]

有向图是复杂网络的重要拓扑学模型,是图的推广,其中每一条边都给定一个或两个方向. 例如,以支付宝用户作为顶点、付钱关系作为有向边,那么支付宝用户构成的复杂网络就是一个有向图. 实际上,我们可以将任何抽象对象看作有向图的顶点,把对象与对象之间的一种偏序关系看作有向边.

特别地,当一个有向图没有回路时,该有向图的道路空间可以看作一个超图[②],而超图是单纯复形的推广[1]. 同时,当有向图上存在双向边时,其道路空间也不同于偏序集. 由此,研究有向图的道路空间的拓扑学,在数学上更加具有一般性.

到目前为止,已经有多种构造有向图(上)同调理论的方法. 例如,Happel研究了有限维代数的 Hochschild 同调,它可以应用于有向图的路代数[2]. 然而,由于高维的 Hochschild 同调群是平凡的,因此这种方法所定义的同调不是那么

---

① 本书中关于有向图的拓扑学研究均是基于 A. Grigor'yan、Y. Lin、Y. Muranov、S. T. Yau 等人开创的道路同调理论和 C-同伦理论,所以这部分涉及的一些文献将会在后续具体章节的脚注及参考文献中详细列出.

② 该研究成果对应本书第 2 章内容.

吸引人.另外,Barcelo 在文献[3]中研究的同调群也可以应用于有向图.然而,这种同调结构一般不能保证有向图之间态射的函子性质.

2012 年,Grigor'yan、Lin、Muranov 和 Yau 开创了对道路复形的研究,定义了有向图的道路同调[4].随后,在 2015 年,Grigor'yan、Lin、Muranov 和 Yau 利用道路同调理论研究了有向图和图的上同调[5].此外,2016 年,Grigor'yan、Muranov 和 Yau 引入了关于传递有向图的上同调理论,给出了 Gerstenhaber 和 Schack 关于与单纯复形有关的代数的单纯上同调与 Hochschild 上同调同构定理的一个新证明[6].2017 年,Grigor'yan、Muranov 和 Yau 证明了域系数道路同调的 Künneth 公式[7].2018 年,Grigor'yan、Muranov、Vershinin 和 Yau 推广了有向图的道路同调理论,构建了多重图和箭图的道路同调[8].2020 年,Grigor'yan、Lin 和 Yau 又基于有向图的道路同调理论定义了有向图上的 Reidemeister 挠率和解析挠率,证明了两个概念的一致性并给出了有向图笛卡尔积和连接的挠率公式[9].

与此同时,有向图的同伦理论也得到了发展.2014 年,Grigor'yan、Lin、Muranov 和 Yau 介绍了有向图的同伦理论,并证明了它的基本性质.特别地,证明了有向图道路同调的同伦不变性以及有向图的基本群与其一维同调群之间的联系[10].2018 年,Grigor'yan、Jimenez、Muranov 证明了有向图基本群的积定理和 Van Kampen 定理,并给出图着色的一个应用[11].

本书中,我们基于有向图的道路同调理论及 C-同伦等价,进一步考虑了顶点加权有向图的持续道路同调,有向图上的离散 Morse 理论及覆盖,希望借助同调群和同伦群(基本群)这些拓扑不变量来更好地揭示有向图的拓扑性质,简化同调群计算并进一步应用于拓扑数据分析.

1.2　有向图的道路同调 [4-8]

一个有向图 G 是由一个有限点集 V 和 V 的若干个有序二元子集确定的偶

对. 点集 V 中的点称为 G 的顶点(vertex), V 称为 G 的顶点集(vertex set), V 的一个给定的有序二元子集称为 G 的有向边(directed edge). 若干个顶点和连接若干对顶点的若干条有向边, 构成了一个有向图(digraph).

基本 n-道路(在没有歧义的情况下, 常简称为 n-道路)是由 V 的 $n+1$ 个顶点构成的序列 $v_0 v_1 \cdots v_n$, 其中 v_{i-1} 和 v_i 可以相同, $1 \leqslant i \leqslant n$. 设 R 是有单位元的交换环. 设 $\Lambda_n(V)$ 是由 V 上所有 n-道路的形式线性组合生成的自由 R-模.

定义边界映射 $\partial_n : \Lambda_n(V) \rightarrow \Lambda_{n-1}(V)$ 为

$$\partial_n(v_0 v_1 \cdots v_n) = \sum_{i=0}^{n} (-1)^i d_i(v_0 v_1 \cdots v_n)$$

其中, 面映射 d_i 满足

$$d_i(v_0 v_1 \cdots v_n) = v_0 v_1 \cdots \hat{v_i} \cdots v_n,$$

则 ∂_n 是从 $\Lambda_n(V)$ 到 $\Lambda_{n-1}(V)$ 的线性映射且对任意 $n \geqslant 0, \partial_n \partial_{n+1} = 0$. 因此, $\{\Lambda_n(V), \partial_n\}_{n \geqslant 0}$ 是一个链复形.

基本 n-道路 $v_0 v_1 \cdots v_n$ 称为**正则的**, 如果对所有的 $0 \leqslant i \leqslant n-1$ 都有 $v_i \neq v_{i+1}$. 否则, 称为非正则的. 显然, 正则基本路是不含有任何自圈的基本道路. 记由所有正则基本 n-道路生成的自由 R-模为 $\mathcal{R}_n(V)$, 所有非正则基本 n-道路生成的自由 R-模为 $\mathcal{I}_n(V)$. 由文献[4, 2.3 节]可知, $\mathcal{R}_n(V)$ 和 $\mathcal{I}_n(V)$ 都是 $\Lambda_n(V)$ 的子模且

$$\mathcal{R}_n(V) \cong \frac{\Lambda_n(V)}{\mathcal{I}_n(V)}.$$

进一步地, 如果对每个 $0 \leqslant i \leqslant n-1, v_i \rightarrow v_{i+1}$ 都是 G 的有向边, 则称这样的正则基本 n-道路 $v_0 v_1 \cdots v_n$ 为有向图 G 上的可许基本 n-道路. 因此, 可许基本 n-道路也可以看作满足对任意 $0 \leqslant i \leqslant n-1, v_i \rightarrow v_{i+1}$ 都是 G 的有向边且 $v_i \neq v_{i+1}$ 的基本道路.

设 $P_n(G)$ 为 G 上所有可许基本 n-道路的形式线性组合生成的自由 R-模, 则所有的非正则基本道路都被看作 R 中的零元. 自然地, $P_n(G)$ 是 $\mathcal{R}_n(V) \subseteq$

$\Lambda_n(V)$ 的一个子模. 值得注意的是,可许基本道路在边界运算∂的作用下的像不一定是可许基本道路. 因此,∂可能不会将 $P_n(G)$ 映射到 $P_{n-1}(G)$ [①]. 然而,我们可以找到 $P_n(G)$ 的子 R-模 $\Omega_n(G)$,它是由 $P_n(G)$ 中所有∂-不变元素所生成的. G 的道路同调定义为链复形 $\{\Omega_n(G),\partial_n\}_{n\geqslant 0}$ 的同调[4,定义3.12].

一方面,持续同调可以同时刻画在不同尺度上数据集的拓扑信息. 该信息可以以不变量的形式提取,即持续图表或条形码. 该持续图表或条形码可以有效计算并且具有统计上的鲁棒性. 在生物科学领域可以用来刻画蛋白质分子在不同尺度上的拓扑结构. 例如,研究一个蛋白质分子. 将分子中的原子视为三维欧氏空间中的离散点集,然后对不同尺度的半径,建立单纯复形(有不同的、各种各样的方法来构造这样的单纯复形,如 Rips 复形、Cech 复形、图的 clique 复形、witness 复形等). 之后,对一列由小到大依次有包含关系的单纯复形计算持续同调群. 从而用于寻找蛋白质分子的空腔,用来协助设计药物分子和研发药物[12-15];在计算机科学领域可以用来研究社交网络(social network)[②],并应用到大数据的可视化问题上[16].

2002 年,Edelsbrunner、Letscher 和 Zomorodian 在文献[17]中首次提出了持续同调的思想,并通过应用举例,分析了实际的计算效果. 后来,随着数据分析技术的发展,有关数据拓扑模型的持续同调研究也得以蓬勃发展. 例如,文献[18,19]中研究了持续同调的算法;文献[20]中构造了持续同调的持续图表(persistence diagram),并通过研究持续图表的稳定性,刻画了持续同调的稳定性;文献[21]中,将持续同调推广到了参数在多维空间的情况,定义了多维持续同调(multi-dimensional persistent homology);文献[22]中,通过将持续图表推广到多维的持续空间(persistence space),研究了多维持续同调的稳定性;文献[23]中,通过研究持续空间的 Hausdorff 稳定性,研究了多维持续同调的

---

① 设有向图 G 的顶点为 a,b,c,有向边为 $a \to b, b \to c$,则 $abc \in P(G)$,$\partial abc = ab+bc-ac \notin P(G)$.

② 参见 SAUCAN E,JOST J. Network Topology vs. Geometry:From Persistent Homology to Curvature.

Hausdorff 稳定性;文献[24,25]中又分别研究了持续同调的代数化稳定性,给出了持续同调和多维持续同调的一般化数学理论;等等.

另一方面,加权同调是对同调理论的推广.一般来说,加权同调的主要动机之一是区分数据集中的不同元素,这最初定义在对每个单形都赋予了一个权重值的单纯复形上.1990 年,Dawson 首次深入研究了加权单纯复形的同调[26].通过利用权重函数来扭曲边缘算子,将单纯复形的同调理论推广到加权单纯复形的同调理论.当所有单纯复形具有相同的非零权重值时,加权同调简化为通常的单纯同调.后来,Horak 和 Jost[27],Ren、Wu 和 Wu[28,29]等又相继分别对加权单纯复形的同调理论进行了进一步研究,并在文献[29]中证明了加权持续同调可以区分通常的持续同调所不能区分的过滤(filtrations).另外,Ren、Wu 和 Wu 还将加权单纯复形的同调推广到更为一般的加权超图的嵌入同调①.

由于单纯复形可以看作特殊的 Δ-集合,超图是缺失了某些面的单纯复形,可以看作单纯复形的分次子集.而有向图的传递闭包的道路空间是一个 Δ-集合,有向图的道路空间可以看作其传递闭包的道路空间的分次子集.所以基于单纯复形、超图、有向图、Δ-集及其分次子集之间的联系,先在第 2 章给出了有向图道路同调的另一种理解,并将有向图的道路同调与超图的嵌入同调在一定条件下进行了统一[1].

进一步地,可以将有向图的 n-道路类似看作 n-单形,并定义道路上的权重函数;也可以对有向图的每个顶点赋予权重,考虑其顶点加权道路同调.在本书的第 3 章中,基于文献[6]和文献[30],我们定义了顶点加权有向图的加权持续同调,分析了权重对加权持续同调群的影响,给出了顶点加权有向图联结的Künneth 公式及持续形式[31].

由文献[4]可知,有向图之间不但可以借助道路首尾衔接的乘积(concatenation)

---

① REN S, WU C, WU J. Hodge Decompositions for Weighted Hypergraphs. https://export. arxiv. org/pdf/1805. 11331.

运算定义的联结,也能借助道路之间的叉积(Cross product)定义道路复形之间的卡积(Cartesian product). 因此,在本书第 4 章我们研究了一般有限集上的 Künneth 公式[32],并在第 5 章给出了关于链复形分次子模的 Künneth 公式[33].

1.3 离散 Morse 理论

同调理论中除了可以定义不同形式的同调群来揭示研究对象的拓扑结构外,还有一个重要的问题——同调群的计算. 尤其在大数据的今天,如何能简化计算并逐步应用于数据分析显得尤为重要. 而莫尔斯理论(Morse theory)(以下简称"Morse 理论")在简化同调群计算中起着重要作用.

Morse 理论最初产生于对光滑流形的同调群和胞腔结构的研究. 光滑流形的 Morse 理论,蕴含着 Morse 理论的研究思想和技术方法. 利用 Morse 理论,人们可以通过研究流形上 Morse 函数在临界点的 Hessian 矩阵的负惯性指数来确定流形的胞腔分解,从而刻画同调群.

1998 年,Forman 将微分流形上的光滑 Morse 函数的 Morse 理论推广到离散的单纯复形和一般的胞腔复形上去[34]. 在随后的参考文献[35-37]中,Forman 又进一步研究了离散 Morse 理论,上同调的杯积以及基于文献[34]的 Witten-Morse 理论. 2005 年,Kozlov 将组合 Morse 复形的构造推广到任意自由链复形[38]. 2006 年,Skodberg 从代数的角度研究了 Forman 的离散 Morse 理论[39]. 2009 年,Jollenbeck 和 Welker 对 Forman 的离散 Morse 理论作了抽象化和推广,研究了链复形的代数化离散 Morse 理论[40]. 在 2007—2009 年,Ayala 等人利用 Forman 给出的胞腔复形和单纯复形的离散 Morse 理论,研究了图上的离散 Morse 理论[41-44].

从直观上看,一个离散的 Morse 函数随着维数的升高,至多在一个"方向"(将单纯复形的所有单形按照包含关系构成一个偏序集,该偏序集对应的有向图的箭头方向)上不是严格增加的,并且随着维数的降低,至多在一个"方向"上不是严格减小的. 一个 Morse 函数的临界单形,随着维数的升高,函数在该单形处严格增加,并且随着维数的降低,函数在该单形处严格减小. 通过计算临界单纯复形和临界胞腔复形,可以给出原单纯复形和胞腔复形的胞腔结构和同调信息. 离散 Morse 理论可以大大减少胞腔数和单形数,从而简化同调群的计算,可以应用于拓扑数据分析[45-46].

　　然而,与单纯复形(或一般的胞腔复形)及图上的旗复形所不同的是,道路复形的子复形不一定是道路复形,且一般不能以所有的可许基本道路作为定义道路同调的链复形中自由 R-模的一组基. 因此,如何定义有向图上的实值函数,使其在保持可许基本路所构成的分次集上的偏序关系的同时还能满足经典 Morse 函数的两条基本性质[1],成为我们研究有向图上离散 Morse 理论的首要问题. 本书第 6 章,作者和其博士生导师及丘成桐先生合作给出了有向图上的离散 Morse 理论[47],并在第 7 章进一步研究了有向图联结的离散 Morse 理论[48].

1.4　有向图之间的态射和有向图的同伦

　　设 G 和 G' 是有向图. 有向图之间的**态射**(或有向图映射)是一个映射 $f: V(G) \to V(G')$,把 G 顶点映成 G' 的顶点,把 G 的有向边映成 G' 的有向边或顶点. 即若 $u \to v$ 是 G 的有向边,则有 $f(u)=f(v)$ 或 $f(u) \to f(v)$ 是 G' 的一条有向边[10,定义2.2]. 将有向图之间的态射简记为 $f:G \to G'$. 如果 f 是从 G 到 G' 的双射,且 f 的逆也是一个态射,则称 f 为同构.

　　线图 I_n 是顶点集为 $\{v_0, v_1, \cdots, v_n\}$,且对任意 $i=0,1,\cdots,n-1, v_i \to v_{i+1}$

① 与文献[34,定义 2.1]中单纯复形上的离散 Morse 函数不同,第 6 章给出的有向图上的离散 Morse 函数使得临界路与零点有密切的关系.

和 $v_{i+1} \to v_i$ 有且只有一个属于有向边集合并且没有任何其他有向边的有向图[10:632]. 对任意 $0 \leqslant i \leqslant n$，我们有时把 v_i 简记为 i. 线图到有向图 G 的态射 $\phi: I_n \to G$ 称为 G 上的**线映射**.

设 $G = (V(G), E(G)), H = (V(H), E(H))$ 是两个有向图. 定义 G 和 H 的卡积 $G \square H$ 为一个有向图，其中顶点集为 $V(G) \times V(H)$，且满足对任意 $x, x' \in V(G)$ 和任意 $y, y' \in V(H)$，$(x, y) \to (x', y')$ 为 $G \square H$ 的一条有向边当且仅当或者 $x = x'$ 且 $y \to y'$，或者 $x \to x'$ 且 $y = y'$[10,定义2.3].

定义 1.4.1[10,定义3.1] 有向图 G 到 H 的两个态射 $f, g : G \to H$ 称为**同伦的**，如果存在线图 $I_n (n \geqslant 1)$ 和态射 $F : G \square I_n \to H$ 使得 $F\big|_{G \square \{0\}} = f$ 和 $F\big|_{G \square \{n\}} = g$ 成立. 记作 $f \simeq g$. 这时，映射 F 称为 f 和 g 之间的同伦.

两个有向图 G 和 H 称为同伦等价的，如果存在态射 $f : G \to H$ 和 $g : H \to G$ 使得 $f \circ g \simeq \mathrm{id}_H$ 且 $g \circ f \simeq \mathrm{id}_G$. 记作 $G \simeq H$. 其中映射 f 和 g 称为彼此的同伦逆[10,定义3.2].

定义 1.4.2[10,定义3.4] 设 G, H 都是有向图且 $H \subseteq G$. G 到 H 的收缩是一个态射 $r : G \to H$，满足 $r|_H = \mathrm{id}_H$. 收缩 $r : G \to H$ 称为**形变收缩**，如果 $\iota \circ r \simeq \mathrm{id}_G$，其中，$\iota : H \to G$ 是自然包含映射.

命题 1.4.1[10,命题3.5] 设 $r : G \to H$ 是形变收缩，则 $G \simeq H$ 且映射 r, ι 互为同伦逆.

定理 1.4.1[10,定理3.3] 设 $f, g : G \to H$ 为有向图之间的态射且 $f \simeq g$，则它们诱导了 G 和 H 的同调群的相同同态. 因此，如果 G 和 H 是同伦等价的，则它们的同调群是同构的.

文献[10]定义了线映射的 C-同伦，这使得两个线映射的像作为有向图的子图在非同伦的情况下却有可能是 C-同伦的. 文献[11]给出了有向图基本群的积定理和 Van-Kampen 定理. 与此不同的是，我们的问题是有向图在 C-同伦等价意义下的基本群，有向图所有边去掉方向后所得到的图在 C-同伦等价意义下的基本群及作为一维单纯复形的一般基本群,三者之间有怎样的联系.另外,文献[49]告诉我们,基本群的代数特征往往可以转化为覆盖空间的几何语言且图上有万有覆盖.由文献[50]和文献[51]可知,有向图的万有覆盖在同构意义下是唯一的.因此,研究有向图的基本群和覆盖,考虑有向图覆盖的性质,借助万有覆盖来刻画底图的性质也就成了我们的课题之一,并在本书第 8 章中进行了阐述①.

第2章 Δ-集及其分次子集的同调[1]

Δ-集和单纯集理论是作为代数拓扑的一种组合方法而提出的. 1957 年, Milnon 研究了单纯集的前身——半单纯复形,并给出了它的几何实现[52]. 1958 年,Kan 使用单纯集研究了同伦群[53,54]. 随后,May①、Curtis[55]、Goerss 和 Jardine[56]、Wu② 研究了单纯集在代数拓扑中的应用. 2006 年,Berrick、Cohen、Wong 和 Wu 建立了位形空间和辫子群的一些单纯集模型[57]. 2009 年,Duzhin 研究了 Artin 辫子群的一些单纯集模型[58].

在本章中,我们将有向图上的道路集描述为 Δ-集的分次子集和单纯集的分次子集,推广了超图的嵌入同调[59]并构造了 Δ-集的分次子集的嵌入同调群;将 Δ-集的分次子集的嵌入同调群应用于有向图上的路径,证明了有向图的嵌入同调群与文献[4-5,8]中定义的道路同调群同构;对无闭路的有向图,其道路集可以看作某一超图,因此有向图的道路同调群与某超图的嵌入同调群同构.

设 G 是有向图, $n \geqslant 0$. G 上可许的基本 n-路(长度为 n 的可许基本路)是 n 个有向边的序列,使得每个有向边的端点是后续边的起始点[4-5]. 如果第一个有向边的起始点是最后有向边的终点,则称为闭的可许基本路. 设 $P(G)$ 是图 G 上所有可许基本路的集合,则 $P(G)$ 可以看作 Δ-集的分次子集. 本章的主要结

---

① 参见 MAY J P. Simplicial objects in algebraic topology.

② 参见 WU J. Simplicial objects and homotopy groups, in Braids: introductory lectures on braids, configurations and their applications[J]. World Scientific Publishing Company,2010:31-181.

论如下:

定理 2.0.1　对于任意有向图 G,$P(G)$ 的嵌入同调与 G 的道路同调同构,并且当下列条件之一成立时,G 的道路同调与某一超图的嵌入同调是同构的:

①G 没有闭的可许基本路.

②G 的每个顶点 v 都有自身到自身的一个有向边,且 G 没有闭的可许基本 n-道路($n \geqslant 2$).同时,我们将超图的嵌入同调群和有向图的道路同调群统一为 Δ-集分次子集的嵌入同调群.借助定理 2.0.1,类比于超图的 Hodge 同构和 Hodge 分解,我们得到了 Δ-集分次子集上的拉普拉斯和 Hodge 分解.

2.1　Δ-集、分次子集和同调

首先,回顾 Δ-集和单纯集的定义①以及它们的同调群.

2.1.1　Δ-集和单纯集

定义 2.1.1　Δ-集是一个集合的序列 $X = \{X_n\}_{n \geqslant 0}$ 和面映射 $d_i : X_n \to X_{n-1}$,$0 \leqslant i \leqslant n$,满足所有的 $i \geqslant j$,有

$$d_i d_j = d_j d_{i+1} \tag{2.1}$$

成立.其中式(2.1)称为 Δ-恒等式.

设 X 是 Δ-集,边界映射定义为

$$\partial_n = \sum_{i=0}^{n} (-1)^i d_i \tag{2.2}$$

记 $\mathcal{G}$ 是一个阿贝尔群,将 ∂_n 在 $\mathcal{G}$ 上进行线性扩张,得到 $\mathcal{G}$ 线性映射:

$$\partial_n : \mathcal{G}(X_n) \to \mathcal{G}(X_{n-1})$$

---

① 参见 WU J. Simplicial objects and homotopy groups, in Braids: introductory lectures on braids, configurations and their applications[J]. World Scientific Publishing Company,2010:31-181.

由式(2.1)可知，$\partial_n \partial_{n+1} = 0 (n \geqslant 0)$. 因此，得到链复形

$$\mathcal{G}(X) = \{\mathcal{G}(X_n), \partial_n\}_{n \geqslant 0} \tag{2.3}$$

X 带有系数 $\mathcal{G}$ 的同调群定义为链复形(2.3)的同调群. 对任意的 $n \geqslant 0, X$ 的第 n 个同调群定义为

$$H_n(X; \mathcal{G}) = \frac{\text{Ker}(\partial_n : \mathcal{G}(X_n) \to \mathcal{G}(X_{n-1}))}{\text{Im}(\partial_{n+1} : \mathcal{G}(X_{n+1}) \to \mathcal{G}(X_n))} \tag{2.4}$$

设 X 和 Y 是 Δ-集. Δ-映射 $f: X \to Y$ 是一个函数序列 $f: X_n \to Y_n, n \geqslant 0$, 满足对任意 $0 \leqslant i \leqslant n$, 有 $f \circ d_i = d_i \circ f$. 从而当 f 是 Δ-映射时，$f \circ \partial_n = \partial_n \circ f$, $n \geqslant 0$. 因此，f 导出同调群之间的同态 $f_* : H_*(X; \mathcal{G}) \to H_*(Y; \mathcal{G})$.

定义 2.1.2 单纯集是由一个 Δ-集 X 和一组退化映射 $s_i : X_n \to X_{n+1}, 0 \leqslant i \leqslant n$ 构成的，满足对任意的 $j < i$, 有

$$d_j d_i = d_{i-1} d_j \tag{2.5}$$

对任意的 $j \leqslant i$, 有

$$s_j s_i = s_{i+1} s_j \tag{2.6}$$

及

$$d_j s_i = \begin{cases} s_{i-1} d_j, & j < i \\ \text{id}, & j = i, i+1 \\ s_i d_{j-1}, & j > i+1 \end{cases} \tag{2.7}$$

式(2.5)、式(2.6)、式(2.7)称为单纯恒等式.

设 X 和 Y 是单纯集. 如果 Δ-映射 $f: X \to Y$ 满足对任意的 $0 \leqslant i \leqslant n$ 和 $n \geqslant 0$ 有 $f \circ s_i = s_i \circ f$, 则 f 称为单纯集的单纯映射.

2.1.2 Δ-集的分次子集及嵌入同调

设 $X = \{X_n\}_{n \geqslant 0}$ 是 Δ-集. X 的分次子集(简称 g. s.)是集合 $U = \{U_n\}_{n \geqslant 0}$ 的序列，使得每个 U_n 都是 X_n 的子集. 设 $U = \{U_n\}_{n \geqslant 0}$ 是 X 的分次子集，从而，

$\mathcal{G}(U) = \{\mathcal{G}(U_n)\}_{n \geqslant 0}$ 是 $\mathcal{G}(X)$ 的分次阿贝尔子群, 其中 $\mathcal{G}(X)$ 在式 (2.3) 中给出. 由文献 [59] 知,

・下确界链复形 $\mathrm{Inf}_*(U, X)$ 是 $\mathcal{G}(X)$ 中作为分次阿贝尔群包含于 $\mathcal{G}(U)$ 的最大子链复形. 如果用 ∂_n 来表示定义在式 (2.2) 中的 X 的边界映射, 用 $\partial_n^{-1}(-)$ 表示原像, 则 U 在 X 中的下确界链复形可以表示为

$$\mathrm{Inf}_n(U, X) = \mathcal{G}(U_n) \bigcap \partial_n^{-1} \mathcal{G}(U_{n-1}) ;$$

・上确界链复形 $\mathrm{Sup}_*(U, X)$ 是 $\mathcal{G}(X)$ 中作为分次阿贝尔群包 $\mathcal{G}(U)$ 的最小子链复形, 可以表示为

$$\mathrm{Sup}_n(U, X) = \mathcal{G}(U_n) + \partial_{n+1} \mathcal{G}(U_{n+1}).$$

设 ι 是 $\mathrm{Inf}_*(U, X)$ 到 $\mathrm{Sup}_*(U, X)$ 的标准包含映射. 由文献 [59] 知, 作为分次阿贝尔群, 我们得到了下确界链复形的同调群与上确界链复形的同调群之间的一个诱导同态:

$$\iota_* : H_n(\mathrm{Inf}_*(U, X)) \overset{\cong}{\to} H_n(\mathrm{Sup}_*(U, X))$$

定义分次子集 U 在 Δ-集 X 中的系数为 $\mathcal{G}$ 的第 n 个嵌入同调群如下:

$$H_n(U, X ; \mathcal{G}) = H_n(\mathrm{Inf}_*(U, X)) \cong H_n(\mathrm{Sup}_*(U, X)) \qquad (2.8)$$

特别地, 如果分次子集 U 是 Δ-集 X 本身, 则 $\mathrm{Inf}_*(U, X)$ 和 $\mathrm{Sup}_*(U, X)$ 均为 $\mathcal{G}(X)$. 此时式 (2.8) 与式 (2.4) 一致.

设 $X' = \{X_n'\}_{n \geqslant 0}$ 为 Δ-集, 有面映射 $d_i' : X_n' \to X_{n-1}'$ 及边界映射 $\partial_n' = \sum_{i=0}^{n} (-1)^i d_i'$. 我们说, X 是 X' 的 Δ-子集, 如果对任一 $n \geqslant 0$, 有

（ⅰ）X_n 是 X_n' 的子集;

（ⅱ）如果对任一 $0 \leqslant i \leqslant n$, 映射 d_i' 在 X_n 上的限制等于 d_i.

由 (ⅰ) 知, U 也是 X' 的分次子集, 我们有如下命题.

命题 2.1.1　设 X' 是 Δ-集, X 是 X' 的 Δ-集, U 是 X 的分次子集. 则对所有的 $n \geqslant 0$, $H_n(U, X ; \mathcal{G}) \cong H_n(U, X' ; \mathcal{G})$.

证明 由交换图 2.1 知,

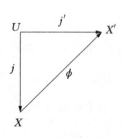

图 2.1

其中,ϕ 是 Δ-集间的包含映射,j 和 j' 是分次集间的包含映射,导出交换图 2.2.

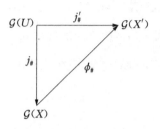

图 2.2

其中,$\phi_{\#}$ 是链复形间的包含映射,$j_{\#}$ 与 $j'_{\#}$ 是分次交换群的包含映射. 因此,作为链复形,

$$\mathrm{Inf}_*(U,X) = \mathrm{Inf}_*(U,\ X') \qquad \mathrm{Sup}_*(U,X) = \mathrm{Sup}_*(U,\ X').$$

嵌入同调群 $H_n(U,X;\mathcal{G})$ 与 $H_n(U,X';\mathcal{G})$ 是典范同构的.

以下是命题 2.1.1 的推论.

推论 2.1.1 设 X 是 Δ-集,U 是 X 的分次子集. 则对任意 $n \geqslant 0$,

$$H_n(U,X;\mathcal{G}) \cong H_n(U,\mathrm{Sup}_*(U,X);\mathcal{G}).$$

证明 在命题 2.1.1 中,分别用 X 替换 X',$\mathrm{Sup}_*(U,X)$ 替换 X. 推论得证.

以下简记 $H_n(U,X;\mathcal{G})$ 为 $H_n(U;\mathcal{G})$.

设 X,Y 是 Δ-集,$f:X \to Y$ 是 Δ-映射,U,V 分别是 X,Y 的分次子集且

$f(U) \subseteq V$, 则 f 诱导链映射

$$f_{\#}^{\mathrm{Inf}} : \mathrm{Inf}_*(U,X) \to \mathrm{Inf}_*(V,Y) \qquad f_{\#}^{\mathrm{Sup}} : \mathrm{Sup}_*(U,X) \to \mathrm{Sup}_*(V,Y).$$

链映射 $f_{\#}^{\mathrm{Inf}}$, $f_{\#}^{\mathrm{Sup}}$ 分别是诱导同调群之间的同态 f_*^{Inf} 和 f_*^{Sup}, 使得图 2.3 可以交换

$$
\begin{array}{ccc}
H_*(\mathrm{Inf}_*(U,X)) & \xrightarrow{f_*^{\mathrm{Inf}}} & H_*(\mathrm{Inf}_*(V,Y)) \\
\iota_* \downarrow \cong & & \iota'_* \downarrow \cong \\
H_*(\mathrm{Sup}_*(U,X)) & \xrightarrow{f_*^{\mathrm{Sup}}} & H_*(\mathrm{Sup}_*(V,Y))
\end{array}
$$

图 2.3

这里 ι 是 $\mathrm{Inf}_*(U,X)$ 到 $\mathrm{Sup}_*(U,X)$ 的标准包含映射, ι' 是 $\mathrm{Inf}_*(V,Y)$ 到 $\mathrm{Sup}_*(V,Y)$ 的包含映射. 令 $f_* = f_*^{\mathrm{Inf}}$ (或 $f_* = f_*^{\mathrm{Sup}}$), 得到嵌入同调群之间的同态

$$f_* : H_*(U;\mathcal{G}) \to H_*(V;\mathcal{G}) . \tag{2.9}$$

在式 (2.9) 的意义下, Δ-集的分次子集的嵌入同调群是函子. 特别地, 考虑包含映射 $s:U \to X$, 则 s 诱导出同调群之间的同态 $s_* : H_*(U,X;\mathcal{G}) \to H_*(X;\mathcal{G})$.

2.2　Δ-集分次子集上的拉普拉斯和 Hodge 分解

本节我们定义 Δ-集分次子集上的拉普拉斯, 研究拉普拉斯核与同调群之间的关系.

设 $X = \{X_n\}_{n \geqslant 0}$ 是 Δ-集, $\partial_n, n \geqslant 0$ 是式 (2.2) 中所定义的边界映射. 取阿贝尔群 $\mathcal{G} = \mathbb{R}$ (实数群), 定义 $\mathbb{R}(X_n)$ 上的内积 $\langle , \rangle$ 为

$$\left\langle \sum_i r_i x_i, \sum_j r'_j x'_j \right\rangle = \sum_{i,j} r_i r_j \delta(x_i, x'_j).$$

其中,当 $x_i = x'_j$ 时,$\delta\langle x_i, x'_j \rangle = 1$,否则为 0. X 上的第 n 个拉普拉斯是从 $\mathbb{R}(X_n)$ 到其自身的线性映射

$$L_n(X) = \partial_n^* \partial_n + \partial_{n+1} \partial_{n+1}^*.$$

其中,∂_n^* 与 ∂_{n+1}^* 分别是 ∂_n 与 ∂_{n+1} 相对于 $\langle , \rangle$ 的自伴算子[27,60,61]. 类似于文献 [27] 或文献 [60-61] 的论证,有以下线性同构

$$H_n(X; \mathbb{R}) \cong \mathrm{Ker}(L_n(X)).$$

设 $U = \{U_n\}_{n \geqslant 0}$ 是 X 的分次子集,那么对任意的 $n \geqslant 0$,限制 $\partial_n \big|_{\mathrm{Inf}_*(U,X)}$ 与 $\partial_n \big|_{\mathrm{Sup}_*(U,X)}$ 分别为 $\mathrm{Inf}_n(U,X)$ 到 $\mathrm{Inf}_{n-1}(U,X)$,$\mathrm{Sup}_n(U,X)$ 到 $\mathrm{Sup}_{n-1}(U,X)$ 的线性映射. 因此,可以分别定义 U 的第 n 个下确界拉普拉斯算子和第 n 个上确界拉普拉斯算子

$$L_n(\mathrm{Inf}_*(U,X)) = (\partial_n \big|_{\mathrm{Inf}_*(U,X)})^* (\partial_n \big|_{\mathrm{Inf}_*(U,X)}) + (\partial_{n+1} \big|_{\mathrm{Inf}_*(U,X)})$$
$$(\partial_{n+1} \big|_{\mathrm{Inf}_*(U,X)})^*,$$

$$L_n(\mathrm{Sup}_*(U,X)) = (\partial_n \big|_{\mathrm{Sup}_*(U,X)})^* (\partial_n \big|_{\mathrm{Sup}_*(U,X)}) + (\partial_{n+1} \big|_{\mathrm{Sup}_*(U,X)})$$
$$(\partial_{n+1} \big|_{\mathrm{Sup}_*(U,X)})^*.$$

另一方面,对任意的 $n \geqslant 0$,将 $L_n(X)$ 分别限制到 $\mathrm{Inf}_n(U,X)$ 和 $\mathrm{Sup}_n(U,X)$ 上,得到线性映射

$$L_n(X) \big|_{\mathrm{Inf}_n(U,X)} : \mathrm{Inf}_n(U,X) \to \mathbb{R}(X_n), \quad L_n(X) \big|_{\mathrm{Sup}_n(U,X)} : \mathrm{Sup}_n(U,X) \to \mathbb{R}(X_n)[1].$$

因此,有以下结论成立[2].

定理 2.2.1(霍奇同构定理) 设 X 为 Δ-集,U 为 X 的分次子集. 则对任意 $n \geqslant 0$,

---

[1] 一般地,将边缘算子限制在子链复形上,然后取其自伴算子与先取边缘算子的自伴算子再将其限制在子链复形上是不同的. 因此,以上所定义的两种拉普拉斯算子通常是不一样的.

[2] 参见 REN S, WU C, WU J. Hodge Decompositions for Weighted Hypergraphs. Https://export. arxiv. org/pdf/1805. 11331.

$$H_n(U,X;\mathbb{R}) \cong \mathrm{Ker}(L_n(\mathrm{Inf}_*(U,X))) \cong \mathrm{Ker}(L_n(\mathrm{Sup}_*(U,X))).$$

进一步,得

定理 2.2.2(霍奇分解定理)　设 X 为 Δ-集,U 为 X 的分次子集. 设 $s:U \to X$ 是正则包含映射,$s_*:H(U,X;\mathbb{R}) \to H(X;\mathbb{R})$ 是其诱导同态. 则当由上确界拉普拉斯的核 $\mathrm{Ker}(L_n(\mathrm{Sup}_*(U,X)))$ 表示时,$H_n(U,X;\mathbb{R})$ 是 $\mathrm{Ker}(L_n(X)) \bigcap \mathrm{Inf}_n(U,X)$ 与 $\mathrm{Ker}(s_*)$ 的正交和. 并且,当由 $L_n(X)$ 的核表示时,$H_n(X;\mathbb{R})$ 是 $\mathrm{Ker}(L_n(X)) \bigcap \mathrm{Inf}_n(U,X)$ 与 $\mathrm{Coker}(s_*)$ 的正交和.

2.3　超　图

在本节中,我们回顾了单纯复形是 Δ-集和单纯集的例子,证明超图是 Δ-集的分次子集和单纯集的分次子集的例子.

2.3.1　单纯复形和超图的定义

我们回顾了单纯复形和超图的组合定义. 超图是图的推广,文献[62]中可以找到超图的组合模型.

定义 2.3.1[59,62]　设集合 V 是有限集,$\mathcal{H}$ 是 V 的非空子集构成的集族. 我们称偶对 $(V,\mathcal{H})$ 为超图,其中 V 的元素叫作顶点,$\mathcal{H}$ 的元素叫作超边. 对任意的 $n \geqslant 0$,包含 $n+1$ 个顶点的超边称为 n-维超边. 超边的非空子集叫作超图的面.

假设每个超边至少包含一个顶点,每个顶点至少包含一个超边,则 V 是 $\mathcal{H}$ 的超边所包含的所有元素的并. 因此,可将超图 $(V,\mathcal{H})$ 简记为 $\mathcal{H}$. 特别地,如果 V 的每个顶点都是 0-维超边,$\mathcal{H}$ 的每条超边都是 0 维或 1 维,则 $\mathcal{H}$ 是一个图.

单纯复形的组合模型可在文献[49]中找到,单纯复形可以看作超图的特殊族[59].

定义 2.3.2[59]   设 $\mathcal{H}$ 为超图. 若对任意的超边 $\sigma \in \mathcal{H}$ 和任意面 $\tau \subseteq \sigma$, 都有 $\tau \in \mathcal{H}$ 成立, 则 $\mathcal{H}$ 称为(抽象的)单纯复形. 这时, $\mathcal{H}$ 记作 $\mathcal{K}$. $\mathcal{K}$ 的超边叫作单形.

给定超图 $\mathcal{H}$, 其关联复形 $\Delta\mathcal{H}$ 是包含 $\mathcal{H}$ 的所有超边的最小单纯复形[59].

定义 2.3.3[59]   设 $\mathcal{H}$ 是超图, $\mathcal{H}$ 的关联复形 $\Delta\mathcal{H}$ 是指包含 $\mathcal{H}$ 的所有超边和超边的所有面的单纯复形.

设 $\mathcal{H}^1$ 和 $\mathcal{H}^2$ 是两个超图, $V(\mathcal{H}^1)$ 和 $V(\mathcal{H}^2)$ 分别为 $\mathcal{H}^1$ 和 $\mathcal{H}^2$ 的顶点集. 超图 $\mathcal{H}^1$ 到 $\mathcal{H}^2$ 的态射是指映射 $f : V(\mathcal{H}^1) \to V(\mathcal{H}^2)$, 使得对 $\mathcal{H}^1$ 的任意一个超边 $\{v_0, v_1, \cdots, v_n\}, \{f(v_0), f(v_1), \cdots, f(v_n)\}$ (这里的顶点 $f(v_0)$, $f(v_1)$, $\cdots$, $f(v_n)$ 不必不同)是 $\mathcal{H}^2$ 的一个超边. 特别地, 若 $\mathcal{H}^1$ 和 $\mathcal{H}^2$ 是单纯复形, 则 f 叫作单纯复形的单纯映射.

2.3.2   超图的 Δ-集模型

我们用 Δ-集的分次子集和单纯集的分次子集来描述超图. 通过这样的描述, 超图的嵌入同调可以看作 Δ-集的分次子集的嵌入同调.

首先, 回顾了 Δ-集和单纯集对单纯复形的刻画. 设 $\mathcal{K}$ 是单纯复形, $V(\mathcal{K})$ 代表 $\mathcal{K}$ 的顶点集. 给 $V(\mathcal{K})$ 上一个全序关系 $<$. 在下例中, 我们将用 Δ-集 $\mathcal{K}^{\Delta}$ 来表示 $\mathcal{K}$.

例 2.3.1   对任意 $n \geqslant 0$, $\mathcal{K}_n$ 表示 $\mathcal{K}$ 的所有 n 维单形的集合. 对任意 $0 \leqslant i \leqslant n$, 定义面映射 $d_i : \mathcal{K}_n \to \mathcal{K}_{n-1}$, 将 $\{v_0, v_1, \cdots, v_n\}$ 映成 $\{v_0, v_1, \cdots, \hat{v}_i, \cdots, v_n\}$, 其中 $v_0 < v_1 < \cdots < v_n$. 进而得 Δ-集

$$\mathcal{K}^{\Delta} = \{\mathcal{K}_n\}_{n \geqslant 0}.$$

$\mathcal{K}$ 的同调同构于 $\mathcal{K}^{\Delta}$ 的同调

$$H_*(\mathcal{K}; \mathcal{G}) \cong H_*(\mathcal{K}^{\Delta}; \mathcal{G}).$$

除此之外, 还可以将 $\mathcal{K}$ 用单纯集 $\mathcal{K}^S$ 来表示.

例 2.3.2　设 $\overline{\mathcal{K}}_n$ 是由序列 $(v_0,v_1,\cdots,v_n)$ 构成的集合,满足

(1) $v_0,v_1,\cdots,v_n \in V(\mathcal{K})$;

(2) $v_0 \leq v_1 \leq \cdots \leq v_n$;

(3)删除重复顶点后,$\{v_0,v_1,\cdots,v_n\}$ 给出了 $\mathcal{K}$ 的一个单形.

对 $0 \leq i \leq n$,定义面映射 $\overline{d}_i:\overline{\mathcal{K}}_n \to \overline{\mathcal{K}}_{n-1}$ 和退化映射 $s_i:\overline{\mathcal{K}}_n \to \overline{\mathcal{K}}_{n+1}$,它们分别将 $(v_0,v_1,\cdots,v_n)$ 映成 $(v_0,v_1,\cdots,\hat{v}_i,\cdots,v_n)$ 和 $(v_0,v_1,\cdots,v_{i-1},v_i,v_i,v_{i+1},\cdots,v_n)$,得到单纯集 $\mathcal{K}^S = \{\overline{\mathcal{K}}_n\}_{n\geq 0}$. $\mathcal{K}$ 的同调同构于 $\mathcal{K}^S$ 的同调:

$$H_*(\mathcal{K};\mathcal{G}) \cong H_*(\mathcal{K}^S;\mathcal{G}).$$

注 2.3.1　对任意 $n \geq 0$,$\mathcal{K}_n$ 是 $\overline{\mathcal{K}}_n$ 的子集,由顶点不重复的元素组成.

其次,用 Δ-集的分次子集和单纯集的分次子集来刻画超图.设 $\mathcal{H}$ 是超图,$V(\mathcal{H})$ 是 $\mathcal{H}$ 的顶点集,$<$ 是 $V(\mathcal{H})$ 上定义的全序关系.考虑 $\mathcal{H}$ 的关联单纯复形 $\Delta\mathcal{H}$. 由例 2.3.1,得 Δ-集 $(\Delta\mathcal{H})^\Delta$;由例 2.3.2,得单纯集 $(\Delta\mathcal{H})^S$. 在接下来的两个例子中,我们将分别用 Δ-集 $(\Delta\mathcal{H})^\Delta$ 的分次子集 $\mathcal{H}^\Delta$ 和单纯集 $(\Delta\mathcal{H})^S$ 的分次子集 $\mathcal{H}^S$ 来刻画 $\mathcal{H}$.

例 2.3.3　对任意 $n \geq 0$,记 $\mathcal{H}_n$ 为 $\mathcal{H}$ 的 n-维超边所构成的集合.考虑分次集 $\mathcal{H}^\Delta = \{\mathcal{H}_n\}_{n\geq 0}$,则 $\mathcal{H}^\Delta$ 是 $(\Delta\mathcal{H})^\Delta$ 的分次子集.对任意 $0 \leq i \leq n$,我们注意到 $d_i(\mathcal{H}_n)$ 可能不包含于 $\mathcal{H}_{n-1}$. 由式(2.8)、例 2.3.1 和文献[59]可知,$\mathcal{H}$ 与 $\mathcal{H}^\Delta$ 的嵌入同调是同构的:

$$H_*(\mathcal{H};\mathcal{G}) \cong H_*(\mathcal{H}^\Delta;\mathcal{G})$$

例 2.3.4　设 $\overline{\mathcal{H}}_n$ 是由序列 $(v_0,v_1,\cdots,v_n)$ 构成的集合,其中

(1) $v_0,v_1,\cdots,v_n \in V(\mathcal{H})$;

(2) $v_0 \leq v_1 \leq \cdots \leq v_n$;

(3)删除重复顶点后,$\{v_0,v_1,\cdots,v_n\}$ 给出了 $\mathcal{H}$ 的一个超边.

考虑分次集 $\mathcal{H}^S = \{\overline{\mathcal{H}}_n\}_{n\geq 0}$.

由例 2.3.2 知,$\mathcal{H}^S$ 是 $(\Delta\mathcal{H})^S$ 的分次子集.对任意 $0 \leq i \leq n$,$\overline{d}_i(\overline{\mathcal{H}}_n)$ 可能

不包含在 $\overline{\mathcal{H}}_{n-1}$ 中,而 $s_i(\overline{\mathcal{H}}_n)$ 一定包含于 $\overline{\mathcal{H}}_{n+1}$. 由式(2.8)、例 2.3.2 和文献 [63]可知,$\mathcal{H}$ 和 $\mathcal{H}^S$ 的嵌入同调是同构的:

$$H_*(\mathcal{H};\mathcal{G}) \cong H_*(\mathcal{H}^S;\mathcal{G})$$

注 2.3.2 对任意 $n \geqslant 0, \mathcal{H}_n$ 是由顶点不重复的元素组成的 $\overline{\mathcal{H}}_n$ 的子集.

最后,从范畴的角度讨论例 2.3.1 至例 2.3.4,使用以下记号:

①Δ Set:对象是 Δ-集,态射是 Δ-映射;

②SSet:对象是单纯集,态射是单纯集之间的单纯映射;

③G. S. Δ Set:对象是 Δ-集的分次子集,态射是 Δ-映射在 Δ-集分次子集上的限制;

④G. S. SSet:对象是单纯集的分次子集,态射是单纯集之间的单纯映射在单纯集的分次子集上的限制;

⑤SCom:对象是单纯复形,态射是单纯复形之间的单纯映射;

⑥HG:对象是超图,态射是超图之间的态射.

考虑下列范畴之间的包含关系:

①Δ Set 是 G. S. Δ Set 的子范畴;

②SSet 是 G. S. SSet 的子范畴;

③SCom 是 HG 的子范畴.

由例 2.3.1 和例 2.3.3 知,有以下函子:

①$(-)^\Delta : \text{HG} \to \text{G. S. } \Delta \text{ Set}$;

②限制 $(-)^\Delta |_{\text{SCom}} : \text{SCom} \to \Delta \text{ Set}$.

由例 2.3.2 和例 2.3.4 知,有以下函子:

①$(-)^S : \text{HG} \to \text{G. S. SSet}$;

②限制 $(-)^S |_{\text{SCom}} : \text{SCom} \to \text{SSet}$.

函子 $(-)^\Delta$ 和$(-)^S$ 保持嵌入同调群不变; $(-)^\Delta |_{\text{SCom}}$ 和$(-)^S |_{\text{SCom}}$ 保持同调群不变.

2.4　有向图上的可许基本路

在本节中,用 Δ-集的分次子集表示有向图上可许基本路的集合,给出了有向图上可许基本路的集合与超图之间的一些关系.

2.4.1　有向图上路的 Δ-集模型

将有向图的允许基本路集合看作 Δ-集的分次子集,将每个顶点都带有自圈(自己到自己的有向边)的有向图的允许基本路集合看作单纯集的分次集合.

首先,先回顾有向图,有向图的可许基本路,传递闭包等基本定义.

定义 2.4.1[4-5]　有向图 G 是一个集合偶 (V,E),其中 V 是集合,E 是 $V \times V$ 的子集. V 的元素称为 G 的顶点,V 称为顶点集. 对任意顶点 $a,b \in V$,若 $(a,b) \in E$,则 (a,b) 称为有向边,记作 $a \to b$.

定义 2.4.2　设 G 和 G' 是两个有向图. 有向图的态射是从 G 的顶点集到 G' 的顶点集的映射,使得对 G' 的任何有向边 $u \to v$,都有 G' 的有向边 $f(u) = f(v)$ 或 $f(u) \to f(v)$. 即有向图之间的态射将有向边映射成一点或一条有向边.

设集合 V 非空,$G = (V,E)$ 是有向图. 若无特别说明我们总假设 V 是有限集.

定义 2.4.3[[4],定义2.1,例3.3;[5],章节4]　V 上基本 0-道路(或称为长度为 0 的基本路)是顶点 $v \in V$. 对于 $n \geqslant 1$,V 上基本 n-道路(或长度为 n 的基本路)是序列 $v_0, v_1, \cdots, v_n$,其中,$v_0, v_1, \cdots, v_n \in V$($v_0, v_1, \cdots, v_n$ 可以重复). 有向图 G 的可许基本 n-道路是指基本 n-道路 $v_0 v_1 \cdots v_n$,使得对任意的 $i \geqslant 1$,$v_{i-1} \to v_i$ 是 G 的有向边. 如果 $v_0 = v_n$,则称可许基本 n-道路 $v_0 v_1 \cdots v_n$ 是闭的(或称有向圈).

设 G 是有向图，$P_n(G)(n \geqslant 0)$ 是 G 的所有可许基本 n-道路所做的集合. 令

$$P(G) = \{P_n(G)\}_{n \geqslant 0}.$$

则 $P(G)$ 是分次集，是所有 $P_n(G)$ 的并（$n \geqslant 0$），是 G 上所有可许基本路构成的集合.

定义 2.4.4[63],章节2.3   一个有向图 G 称为传递的，如果对 G 的任意两条有向边 $u \to v, v \to w$ 来说，$u \to w$ 也是 G 的有向边.

注 2.4.1   有向图 G 是传递的当且仅当 $P(G)$ 是完全的[4].

引理 2.4.1[63],章节2.3   对于给定的任意有向图 G，存在有向图 $\overline{G}$，使得

（ⅰ）G 的每条有向边都是 $\overline{G}$ 的有向边；

（ⅱ）$\overline{G}$ 是传递的；

（ⅲ）$\overline{G}$ 包含于任一个满足条件（ⅰ）、条件（ⅱ）的有向图 G'.

我们称 $\overline{G}$ 为 G 的传递闭包. 有向图 G 是传递的当且仅当 $\overline{G} = G$.

其次，我们讨论面映射和退化映射.

设 G 是有向图. 对任意的 $n \geqslant 1, 0 \leqslant i \leqslant n$，面映射

$$d_i : P_n(G) \to P_{n-1}(G).$$

把图 G 的 n-道路 $v_0 v_1 \cdots v_n$ 映成图 $\overline{G}$ 的 $n-1$-道路 $v_0 \cdots v_{i-1} v_{i+1} \cdots v_n$. 从而有 $\triangle$-恒等式(2.1). 具有面映射 d_i 的 $P(G)$ 是 $\triangle$-集当且仅当 $\overline{G} = G$，当且仅当 G 是传递的.

命题 2.4.1   设 G 是有向图，则分次集 $P(G)$ 是 $\triangle$-集 $P(\overline{G})$ 的分次子集，并且 $P(G)$ 是 $\triangle$-集当且仅当 G 是传递的.

由注 2.4.1 知，命题 2.4.1 也可以用下列推论来表述.

推论 2.4.1   设 G 是有向图，则 $P(G)$ 是 $\triangle$-集当且仅当 $P(G)$ 是完全的.

由命题 2.4.1，推论 2.4.1 可知，$P(G)$ 是多面体 $\triangle$-集当且仅当 $P(G)$ 是完全的和单调的，当且仅当 G 是传递的且没有闭的可许基本路.

记 $\hat{G}$ 为对有向图 G 的每个顶点 $v \in V$ 都添加边 $v \to v$ 后得到的有向图. 对任意 $n \geqslant 0$ 且 $0 \leqslant i \leqslant n$, 定义面映射

$$s_i : P_n(G) \to P_{n+1}(G).$$

将 G 的 n-道路 $v_0 v_1 \cdots v_n$ 映成 $\hat{G}$ 的 $n+1$-道路 $v_0 v_1 \cdots v_{i-1} v_i v_i v_{i+1} \cdots v_n$, 从而得到单纯恒等式 (2.5)—(2.7). 具有 d_i 和 s_i 的 $P(G)$ 是单纯集当且仅当下列条件之一成立:

（ⅰ）G 是传递的;

（ⅱ）$\hat{G} = G$.

等价地, 条件（ⅱ）可被描述为（ⅱ）′: 对任意 G 的顶点 $v, v \to v$ 是有向边.

命题 2.4.2 设 G 有向图. 若对任意顶点 $v, v \to v$ 是一条有向边, 则 Δ-集 $P(\overline{G})$ 是单纯集, 且分次子集 $P(G)$ 满足

$$s_i(P_n(G)) \subseteq P_{n+1}(G).$$

最后, 从范畴的角度来讨论命题 2.4.1 和命题 2.4.2, 使用以下符号:

①DG: 表示由对象是有向图, 态射是有向图之间的态射所构成的范畴;

②T. DG: 表示由对象是传递有向图, 态射是有向图之间的态射所构成的范畴;

③V. DG: 表示由对象是每个顶点 v 都带有自圈（有向边）$v \to v$ 的有向图, 态射是有向图之间的态射所构成的范畴;

④V. T. DG: 表示由对象是每个顶点 v 都带有自圈（有向边）$v \to v$ 的传递有向图, 态射是有向图之间的态射所构成的范畴.

考虑以下范畴之间的包含关系:

①T. DG 是 DG 的子范畴;

②V. T. DG 是 V. DG 的子范畴.

由命题 2.4.1 和推论 2.4.1 可知, 存在以下函子:

①$P(-) : \text{DG} \to \text{G. S. } \Delta \text{Set}$;

②限制 $P(-)\big|_{\text{T.DG}} : \text{T.DG} \to \Delta\,\text{Set}.$

由命题 2.4.1 和命题 2.4.2 可知,存在以下函子:

①$P(-) : \text{V.DG} \to \text{G.S.SSet};$

②限制 $P(-)\big|_{\text{V.T.DG}} : \text{V.T.DG} \to \text{SSet}.$

2.4.2 有向图和超图的关系

由例 2.3.3 和命题 2.4.1 可得如下命题.

命题 2.4.3 设 G 是有向图,则存在某一超图 $\mathcal{H}$ 使得 $P(G)=\mathcal{H}^\Delta$ 成立,当且仅当 G 没有闭的可许基本路.

证明 ($\Leftarrow$)设 G 是没有闭的可许基本路的有向图,则对任意 $a,b \in V$,(a,b) 和 (b,a) 至多有一个是 G 的有向边. 若 $a \to b$ 或存在 $n \geqslant 0$ 及 $v_0,v_1,\cdots,v_n \in V$ 使得 $av_0v_1\cdots v_nb$ 是 G 上的一条道路,则记 $a \prec b$. 从而 $a \prec b, b \prec c$ 意味着 $a \prec c$. 因此,具有关系 $\prec$ 的集合 V 是偏序集.

对任意 $n \geqslant 0$, 设 $\mathcal{H}_n = P_n(G)$, 令超图

$$\mathcal{H} = \bigcup_{n \geqslant 0} \mathcal{H}_n, \dim\sigma = n \text{ 对任意 } \sigma \in \mathcal{H}_n. \tag{2.10}$$

这里,$\mathcal{H}$ 可以不具有有限多的超边. 然而,如果 G 有有限有向边,则对每个 $n \geqslant 0$,$\mathcal{H}$ 有有限多条 n-维超边.

对任意 $\sigma \in \mathcal{H}$,关系 $\prec$ 给出了 σ 顶点集上的一个全序关系. 因此,对任意 σ, $\tau \in \mathcal{H}$,σ 与 τ 是 G 上不同的可许基本路当且仅当作为 V 的子集,$\sigma \neq \tau$. 由例 2.3.1、例 2.3.3 和命题 2.4.1 可知,作为 Δ-集,$P(\overline{G}) = (\Delta\mathcal{H})^\Delta$;作为 Δ-集的分次子集,$P(G) = \mathcal{H}^\Delta$.

($\Rightarrow$)设存在某超图 $\mathcal{H}$ 使得 $P(G)=\mathcal{H}^\Delta$. 用反证法,若 G 存在闭的可许基本路,则一定有某些顶点重复出现在 G 的某条可许基本路中. 因此,G 有两条不同的可许基本路,它们的顶点集是 V 的同一子集,即 $P(G)$ 不能作为 $\mathcal{H}^\Delta$ 来实

现.矛盾.结论得证.

由例 2.3.4 和命题 2.4.2 知,得以下命题:

命题 2.4.4　设 G 是有向图,则存在超图 $\mathcal{H}$ 使得 $P(G) = \mathcal{H}^s$,当且仅当

（ⅰ）G 上的每个顶点 v 都有自己到自己的有向边(每个顶点上都有自圈);

（ⅱ）G 上没有至少包含两个不同顶点的闭的可许基本路.

证明　（⇐）设有向图 G 满足条件（ⅰ）和条件（ⅱ）.对任意 $n \geqslant 0$,令

$$\mathcal{H}_n = P_n(G) \setminus \bigcup_{i=0}^{n-1} s_i (P_{n-1}(G)). \tag{2.11}$$

则 $\mathcal{H}_n$ 包含 $P_n(G)$ 中没有重复顶点的元素组成.令超图

$$\mathcal{H} = \bigcup_{n \geqslant 0} \mathcal{H}_n, \dim \sigma = n \text{ 对任意 } \sigma \in \mathcal{H}_n.$$

类似于命题 2.4.3 的证明,借助例 2.3.2、例 2.3.3,命题 2.4.2 的结论得,作为单纯集,

$$P(\overline{G}) = (\Delta\mathcal{H})^s; \tag{2.12}$$

作为单纯集的分次子集,$P(G) = \mathcal{H}^s$.

（⇒）设存在某超图 $\mathcal{H}$ 使 $P(G) = \mathcal{H}^s$ 成立,则 $P_0(G) = \mathcal{H}_0 = \overline{\mathcal{H}}_0, P_0(G)$ 是图 G 的顶点集.由例 2.3.4 的退化映射 $s_0: \overline{\mathcal{H}}_0 \to \overline{\mathcal{H}}_1$ 可知,G 的每个顶点 v 都有自己到自己的有向边,得（ⅰ）.若（ⅱ）不成立,G 有闭的可许基本 n-道路 $v_0 v_1 \cdots v_n, n \geqslant 2$.不失一般性,我们假设 $v_0, v_1, \cdots, v_{n-1}$ 是互异的点且 $v_n = v_0$,则 $v_0 v_1 \cdots v_n$ 不能作为 $\mathcal{H}$ 的超边.矛盾.（ⅱ）得证.

设 G 是有向图,考虑其传递闭包 $\overline{G}$.由命题 2.4.1 可知,$P(G)$ 是 Δ-集 $P(\overline{G})$ 的分次子集.下面的定理将证明 $P(G)$ 在 $P(\overline{G})$ 中的嵌入同调与文献 [4-5,8] 中的道路同调是一致的.

定理 2.0.1 的证明　由文献 [4] 知,有向图 G 的道路同调定义为下确界链复形 $\mathrm{Inf}_*(P(G), P(\overline{G}))$ 的同调.因此,由章节 2.2.2 和命题 2.4.1 知,G 的道路同调恰好是 $P(G)$ 的嵌入同调.定理 2.0.1 的第一个推断得证.

情形 1　设（ⅰ）成立,则由命题 2.4.3 知,存在某超图 $\mathcal{H}$ 使 $P(G) = \mathcal{H}^\Delta$.

情形 2　设(ⅱ)成立,则由命题 2.4.4 知,存在某超图 $\mathcal{H}$ 使 $P(G) = \mathcal{H}^s$.

在情形 1 和情形 2 中, G 的道路同调都同构于 $\mathcal{H}$ 的嵌入同调.

定理第二个推断得证.

从范畴的观点来看,定理 2.0.1 的第一个结论可以描述为以下推论.

推论 2.4.2　范畴 DG 到范畴 G.S.$\triangle$ Set 的函子 $P(-)$ 诱导映射 $P(-)_*$,将有向图的道路同调同构地映射为 $\triangle$-集的嵌入同调.

由命题 2.4.3、命题 2.4.4 和定理 2.0.1 的第二部分结论知,有以下推论.

推论 2.4.3　设 G 是有向图, $\mathcal{H}$ 是由 G 通过式(2.10)诱导的超图. $\hat{G}$ 是 G 的所有顶点 v 都添加有向边 $v \rightarrow v$ 得到的有向图. $\hat{\mathcal{H}}$ 是在式(2.11)和式(2.12)中用 $\hat{G}$ 代替 G 得到的超图,则

(a)作为超图, $\mathcal{H} = \hat{\mathcal{H}}$;

(b)作为 $\triangle$-集的分次子集, $P(G) = \mathcal{H}^{\triangle}$;

(c)作为单纯集的分次子集, $P(G) = \mathcal{H}^s$;

(d) $P(G)$, $P(\hat{G})$, $\mathcal{H}$ 和 $\hat{\mathcal{H}}$ 的嵌入同调均同构.

第 3 章　顶点加权有向图的持续同调[31]

持续同调可以同时刻画在不同尺度上数据集的拓扑信息[23-25]. 加权同调是对同调理论的推广, 最初定义在对每个单形都赋予了一个权重值的单纯复形上[26-29]. 本章以有向图的道路同调群为基础, 主要研究了顶点加权有向图的加权持续同调, 包括权重对加权持续道路同调群的影响, 顶点加权有向图联结的 Künneth 公式及其持续形式. 其主要结果是定理 3.2.2、定理 3.3.3 和定理 3.3.4.

具体结构安排为: 在 3.1 节中, 主要回顾文献 [6] 中引入的同调, 并借助文献 [59] 给出了顶点加权有向图道路同调的一种构造. 在 3.2 节的定理 3.2.2 中证明了当权重函数非退化时, 域系数的加权持续道路同调与文献 [30] 中通常 (不加权) 的持续道路同调同构. 在 3.2.3 节中通过具体例子阐释顶点加权有向图的加权道路同调对权重的依赖. 最后, 在 3.3 节中, 给出了顶点加权有向图联结的 Künneth 公式及其持续形式.

3.1　顶点加权有向图的加权道路同调

在本节中, 我们给出了加权道路同调的构造, 这与文献 [6] 中引入的同调本质相同, 并用文献 [10] 中类似的论证证明了由顶点加权有向图之间的态射所诱导的加权道路同调群之间的同态是定义良好的.

3.1.1 加权道路同调的构造

设 R 是有单位元的交换环, $G=(V,E)$ 是有向图. 基于文献[27,60,64], 我们定义了一个 R 值的权重函数

$$\omega : V \to R$$

并将加权边界映射定义为 R-线性映射

$$\partial_n^\omega : \Lambda_n(V) \to \Lambda_{n-1}(V).$$

其中,

$$\partial_n^\omega(v_0 \cdots v_n) = \sum_{i=0}^{n} \omega(v_i)(-1)^i d_i(v_0 \cdots v_n). \tag{3.1}$$

注 3.1.1 注意式(3.1)与文献[6:213,(5)]本质相同. 引理[4,引理2.4]在域系数下的证明也适用于更一般的环系数情况. 因此, 根据文献[6:214], 得 $(\partial^\omega)^2 = 0$.

对每个 $p \geqslant -1$, 设 $\mathcal{R}_p^\omega(V)$ 为由所有正则基本 p-道路生成的 $\Lambda_p(V)$ 的子 R-模, 设 $\mathcal{I}_p(V)$ 为所有非正则基本 p-道路生成的 $\Lambda_p(V)$ 的子 R-模.

引理 3.1.1[4,引理2.9] 设权重函数 ω 在 V 上不为零、如果 $x_1, x_2 \in \Lambda_p(V)$ 且 $x_1 = x_2 \bmod \mathcal{I}_p(V)$, $p \geqslant -1$. 则 $\partial^\omega x_1 = \partial^\omega x_2 \bmod \mathcal{I}_{p-1}(V)$.

证明 注意 ω 非零, 直接验证可得.

通过引理 3.1.1, 加权边界算子(3.1)诱导 $\Lambda_p(V)/\mathcal{I}_p(V)$ 上的一个加权边界算子. 由 R-模同构

$$\mathcal{R}_p^\omega(V) = \mathcal{R}_p(V) \cong \Lambda_p(V)/\mathcal{I}_p(V),$$

有 $\Lambda_p(V)/\mathcal{I}_p(V)$ 上边界运算的拉回

$$\partial^\omega : \mathcal{R}_p^\omega(V) \to R_{p-1}^\omega(V). \tag{3.2}$$

因此, 式(3.2)给出了链复形

$$\cdots \xrightarrow{\partial^\omega} \mathcal{R}_p^\omega(V) \xrightarrow{\partial^\omega} \mathcal{R}_{p-1}^\omega(V) \xrightarrow{\partial^\omega} \cdots \xrightarrow{\partial^\omega} \mathcal{R}_0^\omega(V) \xrightarrow{\partial^\omega} R \xrightarrow{\partial^\omega} 0. \tag{3.3}$$

在接下来的子章节中,如果没有特别说明,我们总是用 ∂^ω 来表示链复形 (3.3) 的加权边界算子.

设 $\mathcal{A}_p^\omega(G)$ 是由 (G,ω) 中所有可许基本 p-道路生成的自由 R-模. 则 $\mathcal{A}_p^\omega(G)$ 是 $\mathcal{R}_p^\omega(V)$ 的一个子 R-模. 在加权边界算子 ∂^ω 的作用下,可许基本路的像不一定是可许的. 因此,∂^ω 可能不能将 $\mathcal{A}_p^\omega(G)$ 映到 $\mathcal{A}_{p-1}^\omega(G)$. 尽管如此,可以找到 $\mathcal{A}^\omega(G)$ 的子 R-模

$$\Omega_p^\omega(G) = \{x \in \mathcal{A}_p^\omega(G) \,|\, \partial^\omega x \in \mathcal{A}_{p-1}^\omega(G)\} \tag{3.4}$$

满足对所有 $p \geqslant -1$,有 $\partial^\omega \Omega_p^\omega(G) \subseteq \Omega_{p-1}^\omega(G)$ 成立,其中的元素称为 ∂^ω-不变 p-道路[4,章节3.3]. 因此,式 (3.3) 有子链复形

$$\cdots \xrightarrow{\partial^\omega} \Omega_p^\omega(V) \xrightarrow{\partial^\omega} \Omega_{p-1}^\omega(V) \xrightarrow{\partial^\omega} \cdots \xrightarrow{\partial^\omega} \Omega_0^\omega(V) \xrightarrow{\partial^\omega} R \xrightarrow{\partial^\omega} 0 \tag{3.5}$$

定义顶点加权有向图 (G,ω) 的加权道路同调为式 (3.5) 的约化同调群:

$$H_p(G,\omega;R) = \mathrm{Ker}(\partial^\omega|_{\Omega_p^\omega}) / \mathrm{Im}(\partial^\omega|_{\Omega_{p+1}^\omega}), \quad p \geqslant 0. \tag{3.6}$$

由式 (3.4) 和式 (3.6) 可得,

$$H_p(G,\omega;R) = \frac{\mathcal{A}_p^\omega(G) \bigcap \mathrm{Ker}(\partial^\omega)}{\mathcal{A}_p^\omega(G) \bigcap \partial^\omega \mathcal{A}_{p+1}^\omega(G)}. \tag{3.7}$$

注 3.1.2 关于有向图的同调群的构造和相关结论的更多细节,请参见文献 [4] 和文献 [6].

在本节最后,我们给出了加权道路同调的另一种构造方法. 考虑式 (3.3) 中给出的链复形 $\{\mathcal{R}_*^\omega(V), \partial^\omega\}$ 及分次子 R-模 $\mathcal{A}_p^\omega(G)$. 令

$$\Gamma_p^\omega(G) = \mathcal{A}_p^\omega(G) + \partial^\omega \mathcal{A}_{p+1}^\omega(G), \quad p \geqslant 0.$$

易证,$\{\Gamma_*^\omega(G), \partial^\omega\}$ 是一个链复形,其同调与加权道路同调 $H_*(G,\omega;R)$ 同构. 事实上,有以下命题.

命题 3.1.1 $\mathcal{A}_p^\omega(G)$ 作为分次 R-模,$\{\Omega_*^\omega(G), \partial^\omega\}$ 是 $\{\mathcal{R}_*^\omega(V), \partial^\omega\}$ 中包含于 $\mathcal{A}_*^\omega(G)$ 的最大子链复形;$\{\Gamma_*^\omega(G), \partial^\omega\}$ 是 $\{\mathcal{R}_*^\omega(V), \partial^\omega\}$ 中包含 $\mathcal{A}_*^\omega(G)$ 的最小子链复形. 规范包含映射 $\iota: \Omega_*^\omega(G) \to \Gamma_*^\omega(G)$ 诱导同调群之间的同构.

证明 在链复形 $\{\mathcal{R}_*^\omega(V),\partial^\omega\}$ 中,将文献[59,章节 2]应用于分次子模 $\mathcal{A}_*^\omega(G)$,其中,下确界链复形是 $\Omega_*^\omega(G)$,上确界链复形是 $\Gamma_*^\omega(G)$. 由文献[59,命题 2.4]知,规范包含映射 ι 诱导同调群的同构.

由命题 3.1.1 知,顶点加权有向图 (G,ω) 的加权道路同调可以看作链复形 $\Omega_*^\omega(G)$ 或 $\Gamma_*^\omega(G)$ 的同调,

$$H_p(G,\omega;R)=\mathrm{Ker}(\partial^\omega\mid_{\Gamma_p^\omega})/\mathrm{Im}(\partial^\omega\mid_{\Gamma_{p+1}^\omega}),\quad p\geqslant 0.$$

注 3.1.3 一般来说,$\mathcal{R}_p^\omega(V)$,$\mathcal{A}_*^\omega(G)$ 与权重无关,但 $\Omega_*^\omega(G)$ 与 V 上的权重有关. 例如,设 $R=Z$. 考虑有向图 $G=(V,E)$,其中,$V=\{0,1,2,3,4\}$,$E=\{0\rightarrow 1,0\rightarrow 2,0\rightarrow 3,1\rightarrow 4,2\rightarrow 4,3\rightarrow 4\}$,$\omega(0)=\omega(4)=1$,$\omega(1)=6$,$\omega(2)=2$,$\omega(3)=4$. 易证,元素 $(e_{014}+e_{024}+e_{034})\in\Omega_2^\omega(G)$,但不能表示为文献[10,命题 2.9]中"基本元"的形式[①]. 因而 $\Omega_*^\omega(G)$ 与不加权的情形不同.

3.1.2 顶点加权有向图之间的态射及诱导的同调群之间的同态

考虑顶点加权有向图 (G,ω) 和 (G',ω'). 设 ω 是 V 上的权重,ω' 是 V' 上的权重.

定义 3.1.1 顶点加权有向图 (G,ω) 到 (G',ω') 之间的态射是有向图 G 到 G' 之间的态射 $f:G\rightarrow G'$,满足对 V 中的任何顶点 v_i 有 $\omega(v_i)=\omega'(f(v_i))$ 成立[②].

设 $f:(G,\omega)\rightarrow(G',\omega')$ 是顶点加权有向图之间的态射. 则 f 诱导 R-模之间的态射

$$f_\#:\mathcal{R}_p^\omega(V)\rightarrow\mathcal{R}_p^\omega(V),\quad p\geqslant 0. \tag{3.8}$$

设 ∂^ω 和 $\partial^{\omega'}$ 分别是链复形 $\mathcal{R}_*^\omega(V)$ 和 $\mathcal{R}_*^{\omega'}(V')$ 上的边界算子. 则 $\partial^{\omega'}f_\#=$

[①] 在文献[10]中,不加权有向图中 $\Omega_2(G)$ 的基本形式为双向边、三角形(triangle)、四边形(square).

[②] 这里定义的加权有向图之间的态射使得顶点与其像点的权重相等,保证了本章中加权有向图道路同调群的相关结论成立.

$f_{\#}\partial^{\omega}$. 类似于文献定理[10,定理2.10]的证明,得

$$f_{\#}(\Omega_*^{\omega}(G)) \subseteq \Omega_*^{\omega'}(G').$$

即

引理 3.1.2 由式(3.8)可得链复形 $\mathcal{R}_*^{\omega}(V)$ 的子链复形 $\{\Omega_*^{\omega}(G),\partial^{\omega}\}$ 和链复形 $\mathcal{R}_*^{\omega'}(V')$ 的子链复形 $\{\Omega_*^{\omega'}(G'),\partial'^{\omega'}\}$ 之间的链映射.

注 3.1.4 类似地,由式(3.8)可得链复形 $\mathcal{R}_*^{\omega}(V)$ 子链复形 $\Gamma_*^{\omega}(G)$ 和链复形 $\mathcal{R}_*^{\omega'}(V')$ 子链复形 $\Gamma_*^{\omega'}(G')$ 之间的链映射.

由引理 3.1.2 或注 3.1.4 知,有以下定理.

定理 3.1.1 设 $f:(G,\omega) \rightarrow (G',\omega')$ 是顶点加权有向图 (G,w) 和 (G',ω') 之间的态射. 则 f 诱导加权道路同调群之间的同态

$$f_*:H_p(G,\omega;R) \rightarrow H_p(G',\omega';R), \quad p \geqslant 0.$$

最后,作为定理 3.1.1 的补充,列出了顶点加权有向图之间的态射诱导的加权道路同调群之间的同态的函子性质.

(ⅰ)顶点加权有向图 (G,ω) 自身的恒等态射 id 诱导 $H_*(G,\omega;R)$ 上恒等映射 id_*;

(ⅱ)给定顶点加权有向图的两个态射 $f:(G,\omega) \rightarrow (G',\omega')$ 和 $g:(G',\omega') \rightarrow (G'',\omega'')$ 则态射的复合 $g \circ f$ 诱导的同态 $(g \circ f)_*$ 恰是诱导同态的复合 $g_* \circ f_*$.

3.2 加权持续道路同调

在本节中,我们讨论了环系数的顶点加权有向图的加权持续道路同调. 在定理 3.2.2 中,证明了域系数的加权持续道路同调不依赖于权重. 也就是说,在域系数情况下,加权持续道路同调与文献[30]中研究的持续道路同调同构(这里的加权持续同调指顶点权重非零的情形). 此外,在 3.2.3 节中给出了一些例子.

3.2.1　持续复形的包含映射及诱导的恒等映射

设 $n=1,2,\cdots$，考虑一个有限的或可数的顶点加权有向图序列 (G_n,ω_n)，以及一个态射序列 $f_n:(G_n,\omega_n)\rightarrow(G_{n+1},\omega_{n+1})$．由引理 3.1.2 可得一个持续复形(持续复形的定义详见文献[18,定义 3.1]).

$$\Omega_0^{\omega_1}(G_1)\xrightarrow{(f_1)_\#}\Omega_0^{\omega_2}(G_2)\xrightarrow{(f_2)_\#}\cdots$$

$$\partial^{\omega_1}\uparrow\qquad\qquad\partial^{\omega_2}\uparrow$$

$$\Omega_1^{\omega_1}(G_1)\xrightarrow{(f_1)_\#}\Omega_1^{\omega_2}(G_2)\xrightarrow{(f_2)_\#}\cdots$$

$$\partial^{\omega_1}\uparrow\qquad\qquad\partial^{\omega_2}\uparrow$$

$$\Omega_2^{\omega_1}(G_1)\xrightarrow{(f_1)_\#}\Omega_2^{\omega_2}(G_2)\xrightarrow{(f_2)_\#}\cdots$$

$$\partial^{\omega_1}\uparrow\qquad\qquad\partial^{\omega_2}\uparrow$$

$$\cdots\qquad\qquad\cdots$$

同时，由注 3.1.4 知，有持续复形

$$\Gamma_0^{\omega_1}(G_1)\xrightarrow{(f_1)_\#}\Gamma_0^{\omega_2}(G_2)\xrightarrow{(f_2)_\#}\cdots$$

$$\partial^{\omega_1}\uparrow\qquad\qquad\partial^{\omega_2}\uparrow$$

$$\Gamma_1^{\omega_1}(G_1)\xrightarrow{(f_1)_\#}\Gamma_1^{\omega_2}(G_2)\xrightarrow{(f_2)_\#}\cdots$$

$$\partial^{\omega_1}\uparrow\qquad\qquad\partial^{\omega_2}\uparrow$$

$$\Gamma_2^{\omega_1}(G_1)\xrightarrow{(f_1)_\#}\Gamma_2^{\omega_2}(G_2)\xrightarrow{(f_2)_\#}\cdots$$

$$\partial^{\omega_1}\uparrow\qquad\qquad\partial^{\omega_2}\uparrow$$

$$\cdots\qquad\qquad\cdots$$

对任意 $p \geqslant 0, n \geqslant 1$, 第一个图表中每一个分量 $\Omega_p^{\omega_n}(G_n)$ 都是第二个图表中对应分量 $\Gamma_p^{\omega_n}(G_n)$ 的分次子 R-模. 因此, 借助 ι_n 把每一个 $\Omega_p^{\omega_n}(G_n)$ 作为子空间嵌入 $\Gamma_p^{\omega_n}(G_n)$ 中, 得到从第一个持续复形到第二个持续复形的包含映射序列 $(\iota_1, \iota_2, \cdots)$.

根据定理 3.1.1, 对任何 $p \geqslant 0$, 上述每一个持续复形都会诱导一个持续 R-模 (持续模的定义详见文献[18, 定义 3.2])

$$H_p(G_1, \omega_1; R) \xrightarrow{(f_1)_*} \cdots \xrightarrow{(f_{n-1})_*} H_p(G_n, \omega_n; R) \xrightarrow{(f_n)_*} H_p(G_{n+1}, \omega_{n+1}; R) \xrightarrow{(f_{n+1})_*} \cdots.$$

$$(3.9)$$

称持续 R-模 (3.9) 为加权持续道路同调. 因为 V 是一个有限集, 所以 R-模 (3.9) 是有限的.

定理 3.2.1 第一个持续复形 $\Omega_*^{\omega_n}(G_n)$ 到第二个持续复形 $\Gamma_*^{\omega_n}(G_n)$ 的规范包含映射 $(\iota_1, \iota_2, \cdots)$ 诱导持续 R-模 (3.9) 到自身的恒等映射.

证明 由命题 3.1.1 知, 包含映射

$$\iota_n : \Omega_p^{\omega_n}(G_n) \to \Gamma_p^{\omega_n}(G_n), \quad p \geqslant 0,$$

诱导加权道路同调群之间的同构

$$(\iota_n)_* : H_p(G_n, \omega_n; R) \xrightarrow{\cong} H_p(G_n, \omega_n; R), \quad p \geqslant 0, n = 1, 2, \cdots.$$

因此, 为证明定理 3.2.1, 只需证明对顶点加权有向图之间的任意态射

$$f_n : (G_n, \omega_n) \to (G_{n+1}, \omega_{n+1}),$$

其中 $G_n = (V_n, E_n)$, $G_{n+1} = (V_{n+1}, E_{n+1})$, 链映射

$$(f_n)_\# : \{\mathcal{R}_*(V_n), \partial^{\omega_n}\} \to \{\mathcal{R}_*(V_{n+1}), \partial^{\omega_{n+1}}\}. \quad (3.10)$$

在子链复形 $\Omega_*^{\omega_n}(G_n)$ 上的限制, 以及式 (3.10) 在子链复形 $\Gamma_*^{\omega_n}(G_n)$ 上的限制诱导相同的加权道路同调群之间的同态

$$(f_n)_* : H_p(G_n, \omega_n; R) \to H_p(G_{n+1}, \omega_{n+1}; R), \quad p \geqslant 0. \quad (3.11)$$

因为以下链复形和链映射的交换图

$$\Omega_*^{w_n}(G_n) \xrightarrow{\quad (f_n)_{\#}\big|_{\Omega_*^{w_n}(G_n)} \quad} \Omega_*^{w_n+1}(G_{n+1})$$

$$\Big\downarrow \iota_n \qquad\qquad\qquad\qquad \Big\downarrow \iota_{n+1}$$

$$\Gamma_*^{w_n}(G_n) \xrightarrow{\quad (f_n)_{\#}\big|_{\Gamma_*^{w_n}(G_n)} \quad} \Gamma_*^{w_n+1}(G_{n+1})$$

成立. 因此,由命题 3.1.1 可知,$(\iota_n)_*$ 和 $(\iota_{n+1})_*$ 都是同调群之间的同构,即

$$(f_n)_{\#}\Big|_{\Omega_*^{\omega_n}(G_n)} \text{ 和} (f_n)_{\#}\Big|_{\Gamma_*^{\omega_n}(G_n)}$$

诱导的加权道路同调群之间的同态(3.11)是相同的. 定理得证.

顶点加权有向图之间的态射形成一个特殊序列——滤子. 准确地说,顶点加权有向图的滤子是一个有向图序列

$$G_1 \subseteq G_2 \subseteq \cdots \subseteq G_n \subseteq G_{n+1} \subseteq \cdots, \tag{3.12}$$

以及非退化函数

$$\omega_\infty : \bigcup_{n=1}^{\infty} V_n \to R$$

和诱导权重

$$\omega_n = \omega_\infty\big|_{V_n} : V_n \to R,$$

其中,对任意 $n=1,2,\cdots,G_n=(V_n,E_n)$. 式(3.12)中,子集关系 $G_n \subseteq G_{n+1}$ 表明 $V_n \subseteq V_{n+1}$ 且 $E_n \subseteq E_{n+1}$. 作为特殊情形,持续模(3.9)和定理 3.2.1 的结论对顶点加权有向图的滤子都是成立的.

3.2.2　域系数的加权持续同调与权重的无关性

设 R 是域 $\mathbb{F}$,(G_n,ω_n) 是顶点加权有向图的有限或可数序列,$f_n : (G_n, \omega_n) \to (G_{n+1}, \omega_{n+1})$ 是态射序列,$n=1,2,\cdots$ 有如下定理.

定理 3.2.2　加权持续道路同调群

$$H_p(G_1,\omega_1;\mathbb{F}) \xrightarrow{(f_1)_*} \cdots \xrightarrow{(f_{n-1})_*} H_p(G_n,\omega_n;\mathbb{F}) \xrightarrow{(f_{n+1})_*} H_p(G_{n+1},\omega_{n+1};\mathbb{F}) \xrightarrow{(f_{n+1})_*} \cdots$$

$$(3.13)$$

与权重 ω_n 的选取无关,其中, $\omega_n:V(G_n)\to R$ 为非退化函数, $n=1,2,\cdots$.

在证明定理 3.2.2 之前,先证明以下引理.

引理 3.2.1　设 (G,ω) 是顶点加权有向图. 对任意 $p\geqslant 0$, 设 $\partial_p:\mathcal{R}_p(V)\to \mathcal{R}_{p-1}(V)$ 为通常的边界算子, $\partial_p^\omega:\mathcal{R}_p^\omega(V)\to\mathcal{R}_{p-1}^\omega(V)$ 为式(3.2)定义的加权边界算子. 则作为域 $\mathbb{F}$ 上的向量空间,

（ⅰ） $\mathrm{Ker}(\partial_p)\cong\mathrm{Ker}(\partial_p^\omega)$;

（ⅱ） $\mathrm{Im}(\partial_{p+1})\cong\mathrm{Im}(\partial_{p+1}^\omega)$.

证明　类似于文献[28,引理 5.1],我们给出（ⅰ）的证明. 令 $u\in\mathrm{Ker}(\partial_p)$. 则 u 是 $\mathcal{R}_p(V)$ 中的元且 $\partial_p u=0$. 假设

$$u=\sum_{k=1}^{m}a_k v_0^k\cdots v_p^k,$$

其中,对任意 $1\leqslant k\leqslant m, a_k\in\mathbb{F}, v_0^k,\cdots,v_p^k$ 是 V 中的顶点(不必不同), $v_0^k\cdots v_p^k$ 是 V 上的 p-正则路.

构造映射

$$\varphi:\mathrm{Ker}(\partial_p)\to\mathrm{Ker}(\partial_p^\omega),\qquad (3.14)$$

使得

$$\varphi(u)=\sum_{k=1}^{m}\frac{a_k}{\omega(v_0^k)\cdots\omega(v_p^k)}v_0^k\cdots v_p^k$$

类似于文献[28,引理 5.1]的证明,关键是要验证

$$\sum_{k=1}^{m}\frac{a_k}{\omega(v_0^k)\cdots\omega(v_p^k)}v_0^k\cdots\ v_p^k\in\mathrm{Ker}(\partial_p^\omega).$$

由于

$$\partial\left(\sum_{k=1}^{m}a_k v_0^k\cdots v_p^k\right)=\sum_{k=1}^{m}a_k\sum_{l=0}^{p}(-1)^l d_l(v_0^k\cdots v_p^k)=0,$$

因此对每个固定的 $d_l(v_0^k \cdots v_p^k)(0 \leqslant l \leqslant p, 1 \leqslant k \leqslant m)$，其系数一定是 0，即

$$\sum_{\{(i,j) \mid d_j(v_0^i \cdots v_p^i) = d_l(v_0^k \cdots v_p^k)\}} a_i(-1)^j = 0.$$

注意，

$$\partial_p^\omega \left(\sum_{k=1}^m \frac{a_k}{\omega(v_0^k) \cdots \omega(v_p^k)} v_0^k \cdots v_p^k \right) = \sum_{k=1}^m \frac{a_k}{\omega(v_0^k) \cdots \omega(v_p^k)} \sum_{l=0}^p (-1)^l \omega(v_l^k) d_l(v_0^k \cdots v_p^k)$$

且 $d_l(v_0^k \cdots v_p^k)$ 的系数为

$$\frac{1}{\omega(v_0^k) \cdots \omega(v_{l-1}^k) \omega(v_{l+1}^k) \cdots \omega(v_p^k)} \sum_{\{(i,j) \mid d_j(v_0^i \cdots v_p^i) = d_l(v_0^k \cdots v_p^k)\}} a_i(-1)^j = 0.$$

因此，φ 是定义良好的.

另外，由于 φ 是线性的，并且顶点权重不等于 $\mathbb{F}$ 的零元，因此可以证明 φ 是 $\mathbb{F}$ 上向量空间的同构. 因此（ⅰ）得证.

（ⅱ）的证明类似于文献[28，引理 5.2]. 构建映射

$$\psi \colon \mathrm{Im}(\partial_{p+1}) \to \mathrm{Im}(\partial_{p+1}^\omega) \tag{3.15}$$

使得对 V 上任意 $(p+1)$-正则路 $v_0 \cdots v_{p+1}$，

$$\psi(\partial_{p+1}(v_0 \cdots v_{p+1})) = \frac{1}{\omega(v_0) \cdots \omega(v_{p+1})} \partial_{p+1}^\omega(v_0 \cdots v_{p+1}).$$

将 ψ 在 $\mathbb{F}$ 上进行线性延拓. 显然，ψ 是满的. 类似于（ⅰ）的证明，如果 $u \in \mathrm{Im}(\partial_{p+1})$，

$$u = \partial_{p+1} \left(\sum_{k=1}^m a_k v_0^k \cdots v_{p+1}^k \right) = \sum_{k=1}^m a_k \partial_{p+1}(v_0^k \cdots v_{p+1}^k),$$

则

$$\psi(u) = \sum_{k=1}^m a_k \frac{1}{\omega(v_0^k) \cdots \omega(v_{p+1}^k)} \partial_{p+1}^\omega(v_0^k \cdots v_{p+1}^k).$$

考虑每个给定的 $d_l(v_0^k \cdots v_{p+1}^k)$ 的系数，得

$$\sum_{\{(i,j) \mid d_j(v_0^i \cdots v_{p+1}^i) = d_l(v_0^k \cdots v_{p+1}^k)\}} a_i(-1)^j = 0 \Longleftrightarrow$$

$$\frac{1}{\omega(v_0^k) \cdots \omega(v_{l-1}^k) w(v_{l+1}^k) \cdots \omega(v_{p+1}^k)}$$

$$\sum_{\{(i,j)\,\mid\,d_j(v_0^i\cdots v_{p+1}^i)=d_l(v_0^k\cdots v_{p+1}^k)\}} a_i(-1)^j=0. \tag{3.16}$$

因此，$u=0$ 当且仅当 $\psi(u)=0$，ψ 是单的.（ⅱ）得证.

引理 3.2.2　设 (G,ω) 是顶点加权有向图. 设 $p\geqslant 0$，$\partial_p:\mathcal{R}_p(V)\to\mathcal{R}_{p-1}(V)$ 为通常的边界算子，$\partial_p^\omega:\mathcal{R}_p^\omega(V)\to\mathcal{R}_{p-1}^\omega(V)$ 为式（3.2）中定义的加权边界算子. 因此，作为域系数 $\mathbb{F}$ 上的向量空间，

（ⅰ）$\mathcal{A}_p(\mathcal{G})\bigcap\mathrm{Ker}(\partial_p)\cong\mathcal{A}_p(\mathcal{G})\bigcap\mathrm{Ker}(\partial_p^\omega)$；

（ⅱ）$\mathcal{A}_p(G)\bigcap\partial_{p+1}\mathcal{A}_{p+1}(G)\cong\mathcal{A}_p(G)\bigcap\partial_{p+1}^\omega\mathcal{A}_{p+1}(G)$.

证明　由引理 3.2.1（ⅰ）可知，

$$u=\sum_{k=1}^m a_k v_0^k\cdots v_p^k\in\mathcal{A}_p(G)\bigcap\mathrm{Ker}(\partial_p)$$

$$\Leftrightarrow u\in\mathcal{R}_p(V),\partial_p u=0,v_0^k\cdots v_p^k\in\mathcal{A}_p(G)\text{ 对任意 }k=1,\cdots,m$$

$$\Leftrightarrow\varphi(u)=0,\partial_p^\omega\varphi(u)=0,v_0^k\cdots v_p^k\in\mathcal{A}_p(G),k=1,\cdots,m$$

$$\Leftrightarrow\varphi(u)\in\mathcal{A}_p(G)\bigcap\mathrm{Ker}(\partial_p^\omega).$$

因此，通过将式（3.14）中的 φ 限制到子空间 $\mathcal{A}_p(G)\bigcap\mathrm{Ker}(\partial_p)$ 上，得到 $\mathbb{F}$ 上向量空间的同构 $\varphi\mid_{\mathcal{A}_p(G)\bigcap\mathrm{Ker}(\partial_p)}:\mathcal{A}_p(G)\bigcap\mathrm{Ker}(\partial_p)\xrightarrow{\cong}\mathcal{A}_p(G)\bigcap\mathrm{Ker}(\partial_p^\omega)$，得到（ⅰ）.

另一方面，由引理 3.2.1（ⅱ）中式（3.15）和式（3.16），得

$$u\in\mathcal{A}_p(G)\bigcap\partial_{p+1}\mathcal{A}_{p+1}(G)\Leftrightarrow\exists v\in\mathcal{A}_{p+1}(G),\ u=\partial_{p+1}(v)\in\mathcal{A}_p(G)$$

$$\Leftrightarrow v=\sum_{k=1}^m a_k v_0^k\cdots v_{p+1}^k\in\mathcal{A}_{p+1}(G),\ u=\sum_{k=1}^m\sum_{l=0}^{p+1}(-1)^l a_k d_l(v_0^k\cdots v_{p+1}^k)$$

$$\Leftrightarrow\psi(u)=\sum_{k=1}^m\frac{a_k}{\omega(v_0^k)\cdots\omega(v_{p+1}^k)}\partial_{p+1}^\omega(v_0^k\cdots v_{p+1}^k)$$

$$=\partial_{p+1}^\omega\left(\sum_{k=1}^m\frac{a_k}{\omega(v_0^k)\cdots\omega(v_{p+1}^k)}v_0^k\cdots v_{p+1}^k\right)$$

$$=\sum_{k=1}^m\sum_{l=0}^{p+1}(-1)^l\frac{a_k}{\omega(v_0^k)\cdots\omega(v_{l-1}^k)\omega(v_{l+1}^k)\cdots\omega(v_{p+1}^k)}d_l(v_0^k\cdots v_{p+1}^k)$$

$$\Leftrightarrow \psi(u) \in \mathcal{A}_p(G) \bigcap \partial_{p+1}^{\omega} \mathcal{A}_{p+1}(G)$$

对任意 $k=1,\cdots,m$ 和 $l=0,\cdots,p+1$ 都成立. 因此,把 ψ 限制到 $\mathcal{A}_p(G) \bigcap \partial_{p+1} \mathcal{A}_{p+1}(G)$ 上,得到域 $\mathbb{F}$ 上向量空间的同构

$$\psi\big|_{\mathcal{A}_p(G)\bigcap\partial_{p+1}\mathcal{A}_{p+1}(G)} : \mathcal{A}_p(G) \bigcap \partial_{p+1} \mathcal{A}_{p+1}(G) \xrightarrow{\cong} \mathcal{A}_p(G) \bigcap \partial_{p+1}^{\omega} \mathcal{A}_{p+1}(G).$$

(ii)得证.

定理 3.2.2 的证明由式(3.7)、引理 3.2.1 和引理 3.2.2 直接可得.

定理 3.2.2 的证明. 设 $G_n=(V_n,E_n),n\geq 1$. 设 $\partial_*(n)$ 和 $\partial_*^{\omega}(n)$ 分别为链复形 $\mathcal{R}_*(V_n)$ 上的(不加权)边界算子和相对权重 ω_n 的加权边界算子. 则对任意 $p\geq 0$,有交换图

$$\begin{array}{ccc}
\mathcal{A}_p(G_n)\bigcap\mathrm{Ker}(\partial_p(n)) & \xrightarrow{(f_n)_{\#}} & \mathcal{A}_p(G_{n+1})\bigcap\mathrm{Ker}(\partial_p(n+1)) \\
\downarrow{\scriptstyle\varphi|_{\mathcal{A}_p(G_n)\bigcap\mathrm{Ker}(\partial_p(n))}} & & \downarrow{\scriptstyle\varphi|_{\mathcal{A}_p(G_{n+1})\bigcap\mathrm{Ker}(\partial_p(n+1))}} \\
\mathcal{A}_p(G_n)\bigcap\mathrm{Ker}(\partial_p^{\omega}(n)) & \xrightarrow{(f_n)_{\#}} & \mathcal{A}_p(G_{n+1})\bigcap\mathrm{Ker}(\partial_p^{\omega}(n+1))
\end{array}$$

和

$$\begin{array}{ccc}
\mathcal{A}_p(G_n)\bigcap\partial_{p+1}(n)\mathcal{A}_{p+1}(G_n) & \xrightarrow{(f_n)_{\#}} & \mathcal{A}_p(G_{n+1})\bigcap\partial_{p+1}(n+1)\mathcal{A}_{p+1}(G_{n+1}) \\
\downarrow{\scriptstyle\psi|_{\mathcal{A}_p(G_n)\bigcap\partial_{p+1}(n)\mathcal{A}_{p+1}(G_n)}} & & \downarrow{\scriptstyle\psi|_{\mathcal{A}_p(G_{n+1})\bigcap\partial_{p+1}(n+1)\mathcal{A}_{p+1}(G_{n+1})}} \\
\mathcal{A}_p(G_n)\bigcap\partial_{p+1}^{\omega}(n)\mathcal{A}_{p+1}(G_n) & \xrightarrow{(f_n)_{\#}} & \mathcal{A}_p(G_{n+1})\bigcap\partial_{p+1}^{\omega}(n+1)\mathcal{A}_{p+1}(G_{n+1})
\end{array}$$

因此,对任意 $p\geq 0$,诱导以下交换图成立

$$\begin{array}{ccc}
H_p(G_n;\mathbb{F}) & \xrightarrow{(f_n)_*} & H_p(G_{n+1};\mathbb{F}) \\
\downarrow{\scriptstyle(\varphi,\psi)\text{诱导的同构}} & & \downarrow{\scriptstyle(\varphi,\psi)\text{诱导的同构}} \\
H_p(G_n;\omega_n;\mathbb{F}) & \xrightarrow{(f_n)_*} & H_p(G_{n+1};\omega_{n+1};\mathbb{F})
\end{array}$$

因此,加权道路同调 $H_p(G_n, \omega_n; \mathbb{F})$ 和 $H_p(G_{n+1}, \omega_{n+1}; \mathbb{F})$ 及同态 $(f_n)_*$ 不依赖于权重 ω_n 和 ω_{n+1} 的选取. 定理 3.2.2 得证.

设所有的态射 $f_n, n = 1, 2, \cdots$ 是定理 3.2.2 中的恒等映射. 则加权持续道路同调(3.13)诱导通常的持续同调,以下推论成立.

推论 3.2.1　假设 G 是一个顶点加权的简单有向图(没有循环或双向边),所有的权重都不为零. 设 $\partial_{p+1}: \Omega_{p+1} \rightarrow \Omega_p$ 和 $\partial_{p+1}^{\omega}: \Omega_{p+1}^{\omega} \rightarrow \Omega_p^{\omega}(p \geqslant 0)$ 分别为通常的未加权边界算子以及加权边界算子. 如果 $\mathbb{F}$ 是域,则

$$H_p(G; \mathbb{F}) \cong H_p(G, \omega; \mathbb{F}).$$

3.2.3　一些例子

在本节中,取系数为一般环 R,给出一些例子来说明权重对加权(持续)道路同调群的影响.

例 3.2.1　设 $V = \{v_0, v_1, v_2\}$, $E_1 = \{v_0 \rightarrow v_1\}$, $E_2 = \{v_0 \rightarrow v_1, v_1 \rightarrow v_2\}$. 设有向图 $G_1 = (V, E_1)$, $G_2 = (V, E_2)$. G_1 和 G_2 的权重由非退化函数 $\omega: V \rightarrow \mathbb{Z} \backslash \{0\}$ 定义. 我们把顶点加权有向图的态射取作规范包含映射 $\iota: (G_1, \omega) \rightarrow (G_2, \omega)$. 则有

$$\mathcal{R}_0(V) = \mathbb{Z}(v_0, v_1, v_2),$$

$$\mathcal{R}_1(V) = \mathbb{Z}(\{v_i v_j \mid 0 \leqslant i, j \leqslant 2, i \neq j\}),$$

$$\mathcal{R}_2(V) = \mathbb{Z}(\{v_i v_j v_k \mid 0 \leqslant i, j, k \leqslant 2, i \neq j, j \neq k\}),$$

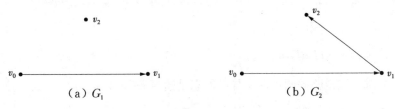

(a) G_1　　　　　　　(b) G_2

这里的 $\mathbb{Z}(*)$ 表示由集合 $*$ 生成的自由 $\mathbb{Z}$-模. 权重边界算子为

$$\partial_0^\omega(v_0) = \partial_0^\omega(v_1) = \partial_0^\omega(v_2) = 0, \partial_1^\omega(v_iv_j) = \omega(v_i)v_j - \omega(v_j)v_i,$$

$$\partial_2^\omega(v_iv_jv_k) = \omega(v_i)v_jv_k - \omega(v_j)v_iv_k + \omega(v_k)v_iv_j.$$

进一步，

$$\mathcal{A}_0(G_1) = \mathbb{Z}(v_0, v_1, v_2), \mathcal{A}_1(G_1) = \mathbb{Z}(v_0v_1), \mathcal{A}_2(G_1) = 0$$

且

$$\mathcal{A}_0(G_2) = \mathbb{Z}(v_0, v_1, v_2), \mathcal{A}_1(G_2) = \mathbb{Z}(v_0v_1, v_1v_2), \mathcal{A}_2(G_2) = \mathbb{Z}(v_0v_1v_2).$$

从而，

$$\Omega_0^\omega(G_1) = \Gamma_0^\omega(G_1) = \mathbb{Z}(v_0, v_1, v_2), \Omega_1^\omega(G_1) = \Gamma_1^\omega(G_1) = \mathbb{Z}(v_0v_1),$$

$$\Omega_2^\omega(G_1) = \Gamma_2^\omega(G_1) = 0$$

且

$$\Omega_0^\omega(G_2) = \Gamma_0^\omega(G_2) = \mathbb{Z}(v_0, v_1, v_2), \Omega_1^\omega(G_2) = \mathbb{Z}(v_0v_1, v_1v_2),$$

$$\Gamma_1^\omega(G_2) = \mathbb{Z}(v_0v_1, v_1v_2, \omega(v_0)v_1v_2 - \omega(v_1)v_0v_2 + \omega(v_2)v_0v_1)$$

$$= \mathbb{Z}(v_0v_1, v_1v_2, w(v_1)v_0v_2),$$

$$\Omega_2^\omega(G_2) = 0, \Gamma_2^\omega(G_2) = \mathbb{Z}(v_0v_1v_2).$$

所以，

$$H_0(G_1, \omega; \mathbb{Z}) = \mathbb{Z}(v_0, v_1, v_2)/\mathbb{Z}(\omega(v_0)v_1 - \omega(v_1)v_0)$$

$$\cong \mathbb{Z} \oplus \mathbb{Z} \oplus (\mathbb{Z}/\gcd\{\omega(v_0), \omega(v_1)\}); \tag{3.17}$$

$$H_1(G_1, \omega; \mathbb{Z}) = H_2(G_1, \omega; \mathbb{Z}) = 0$$

且

$$H_0(G_2, \omega; \mathbb{Z}) = \mathbb{Z}(v_0, v_1, v_2)/\mathbb{Z}(\omega(v_0)v_1 - \omega(v_1)v_0, \omega(v_1)v_2 - \omega(v_2)v_1);$$

$$\tag{3.18}$$

$$H_1(G_2, \omega; \mathbb{Z}) = H_2(G_2, \omega; \mathbb{Z}) = 0.$$

在 0 维加权道路同调中，ι 诱导的同态是模掉 $\mathbb{Z}$-模 $\mathbb{Z}(\omega(v_1)v_2 - \omega(v_2)v_1)$ 后的满同态.

同构(3.17)的具体运算过程如下. 选取整数 a 和 b，使得

$$a\,\frac{\omega(v_0)}{\gcd\{\omega(v_0),\omega(v_1)\}}+b\,\frac{\omega(v_1)}{\gcd\{\omega(v_0),\omega(v_1)\}}=1.$$

得可逆矩阵

$$\begin{bmatrix} \dfrac{\omega(v_0)}{\gcd\{\omega(v_0),\omega(v_1)\}} & -\dfrac{\omega(v_1)}{\gcd\{\omega(v_0),\omega(v_1)\}} \\ b & a \end{bmatrix}\in SL(2,\mathbb{Z}).$$

因此，

$$\begin{bmatrix} v_1 \\ v_0 \end{bmatrix}=\begin{bmatrix} \dfrac{\omega(v_0)}{\gcd\{\omega(v_0),\omega(v_1)\}} & -\dfrac{\omega(v_1)}{\gcd\{\omega(v_0),\omega(v_1)\}} \\ b & a \end{bmatrix}^{-1}$$

$$\begin{bmatrix} \dfrac{\omega(v_0)}{\gcd\{\omega(v_0),\omega(v_1)\}}\,v_1 & -\dfrac{\omega(v_1)}{\gcd\{\omega(v_0),\omega(v_1)\}}\,v_0 \\ bv_1+av_0 \end{bmatrix}.$$

进而，

$$Z(v_0,v_1)=Z\Big(\frac{\omega(v_0)}{\gcd\{\omega(v_0),\omega(v_1)\}}\;\;v_1-\frac{\omega(v_1)}{\gcd\{\omega(v_0),\omega(v_1)\}}\,v_0,bv_1+av_0\Big).$$

式(3.17)得证.

式(3.18)的进一步计算类似于文献[65,第 1 章第 11 节,定理 11.5].感兴趣的读者可参见文献[65:56-61]了解详情.

例 3.2.2 设 (G_1,ω)，(G_2,ω) 是例 3.2.1 中给出的顶点加权有向图.另外假设 $\omega(v_1)=\omega(v_2)$.考虑顶点加权有向图的一个态射 $f:(G_1,\omega)\rightarrow(G_2,\omega)$ 满足

$$f(v_0)=v_0,\; f(v_1)=f(v_2)=v_1.$$

则在 0 维加权道路同调中,f 诱导的同态是满同态

$$f_*:\mathbb{Z}(v_0,v_1,v_2)/\mathbb{Z}(\omega(v_0)v_1-\omega(v_1)v_0,\omega(v_1)v_2-\omega(v_2)v_1)\rightarrow$$

$$\mathbb{Z}(v_0,v_1)/\mathbb{Z}(\omega(v_0)v_1-\omega(v_1)v_0).$$

3.3 顶点加权有向图联结的 Künneth 公式及持续形式

设 R 为主理想整环. 本节中, 在定理 3.3.1 中给出了顶点加权有向图联结的加权道路同调的 Künneth 公式, 并在定理 3.3.2 中给出了定理 3.3.1 的持续形式.

3.3.1 顶点加权有向图联结的 Künneth 公式

设 (G, ω) 和 (G', ω') 是两个顶点加权有向图, 其中, $G = (V, E)$, $G' = (V', E')$. 假设 V 和 V' 是不相交的, 那么 E 和 E' 也是不相交的. 用以下方式定义有向图 (G, ω) 和 (G', ω') 的联结为顶点加权有向图 $(G * G', \omega * \omega')$:

①有向图 $G * G'$ 的顶点集是 $V \cup V'$;

②有向图 $G * G'$ 的有向边集合为 $E \cup E' \cup \{(v, w) \mid v \in V, w \in V'\}$;

③$G * G'$ 上的权重 $\omega * \omega'$ 定义为

$$(\omega * \omega')(v) = \begin{cases} \omega(v), & x \in V, \\ \omega'(v), & x \in V'. \end{cases} \tag{3.19}$$

这里的顶点加权有向图的联结定义是文献[4, 定理 6.1]的加权版本.

设 $v_0 \cdots v_p$ 是 V 上的基本 p-道路, $w_0 \cdots w_q$ 是 V' 上的基本 q-道路. 则 $V \cup V'$ 上的 $(p+q+1)$-道路 $v_0 \cdots v_p w_0 \cdots w_q$ 称为 $v_0 \cdots v_p$ 和 $w_0 \cdots w_q$ 的联结. 将联结在环 R 上进行双线性延拓, 得到 R-线性映射

$$\mu : \Lambda_p(V) \otimes \Lambda_q(V') \to \Lambda_{p+q+1}(V \cup V'), \tag{3.20}$$

其中, 张量积是 R 系数的. 可证, 式(3.20)中 μ 是单的. 以下引理 3.3.1 给出了联结的乘积规则, 它是文献[4, 引理 2.6]的加权版本.

引理 3.3.1 设 $p, q \geqslant -1$. 如果 $u \in \Lambda_p(V)$, $v \in \Lambda_q(V')$, 则

$$\partial^{\omega * \omega'}(uv) = (\partial^\omega u)v + (-1)^{p+1} u(\partial'^{\omega'} v). \tag{3.21}$$

这里 uv 是 u 和 v 的联结.

证明 只需证明对任意 $u = v_0 \cdots v_p$ 和 $v = w_0 \cdots w_q$, 式(3.21)成立. 通过类似于文献[4,引理 2.6]的证明, 有

$$\partial^{\omega * \omega'}(v_0 \cdots v_p w_0 \cdots w_q) = \sum_{r=0}^{p} (-1)^r \omega(v_r) v_0 \cdots \hat{v}_r \cdots v_p w_0 \cdots w_q +$$

$$\sum_{r=0}^{q} (-1)^{p+r+1} \omega(w_r) w_0 \cdots \hat{w}_r \cdots w_q$$

$$= (\partial^\omega v_0 \cdots v_p) w_0 \cdots w_q + (-1)^{p+1} v_0 \cdots v_p (\partial'^{\omega'} w_0 \cdots w_q).$$

因此, 式(3.21)得证.

下一个引理是文献[4,公式(6.3)]的加权版本.

引理 3.3.2 对任意 $r \geqslant -1$, 作为 R-模, 有

$$\Omega_i^{\omega * \omega'}(G * G') - \bigoplus_{\substack{p,q \geqslant -1, \\ p+q=r-1}} (\Omega_p^\omega(G) \otimes \Omega_q^{\omega'}(G')). \tag{3.22}$$

作为链复形, 有

$$(\Omega_*^\omega(G) \otimes \Omega_*^{\omega'}(G'))_{r-1} \cong \Omega_r^{\omega * \omega'}(G * G'), r \geqslant 0. \tag{3.23}$$

证明 类似于文献[4,命题 6.4 和定理 6.5]的证明. 对任何 $p, q \geqslant -1$ 和 $p + q = r - 1$, 联结映射(3.20)诱导映射

$$u_\# : \Omega_p^\omega(G) \otimes \Omega_q^{\omega'}(G') \to \Omega_r^{\omega * \omega'}(G * G'). \tag{3.24}$$

易证, 知式(3.24)中 $u_\#$ 是单的且诱导同构

$$u_\# : \bigoplus_{\substack{p,q \geqslant -1, \\ p+q=r-1}} (\Omega_p^\omega(G) \otimes \Omega_q^{\omega'}(G')) \xrightarrow{\cong} \Omega_r^{\omega * \omega'}(G * G'). \tag{3.25}$$

从而, R-模同构(3.22)得证. 此外, 由引理 3.3.1 中式(3.21)可知, 式(3.25)中的映射 $u_\#$ 与链复形张量积 $\Omega_*^\omega(G) \otimes \Omega_*^{\omega'}(G')$ 的边界算子[49,命题3B.1]可交换, 且与链复形 $\Omega_*^{\omega * \omega'}(G * G')$ 的边界算子通过上移一个维数可交换, 即

$$u_\# \circ (\partial^\omega \otimes \partial') = \partial^{\omega * \omega'} \circ u_\#.$$

因此, 链复形的同构(3.23)得证.

下一个定理来自引理 3.3.2 和代数 Künneth 公式[49,定理3B.5].

定理 3.3.1 对任意 $r \geqslant 0$，存在自然的短正合序列

$$0 \to \bigoplus_{\substack{p,q \geqslant -1, \\ p+q=r-1}} (H_p(G,\omega;R) \otimes H_q(G',\omega';R)) \to H_r(G*G', \omega*\omega';R)$$

$$\to \bigoplus_{\substack{p,q \geqslant -1, \\ p+q=r-1}} \mathrm{Tor}_R(H_p(G,\omega;R), H_{q-1}(G',\omega';R)) \to 0$$

且这个序列是可裂的.

证明 考虑链复形 $\{\Omega_*^\omega(G), \partial^\omega\}$, $\{\Omega_*^{\omega'}(G'), \partial'^{\omega'}\}$ 和它们的张量积. 对引理 3.3.2 中式(3.23)的两边链复形取同调，得

$$H_{r-1}(\{\Omega_*^\omega(G) \otimes \Omega_*^{\omega'}(G'), \partial^\omega \otimes \partial'^{\omega'}\};R) \cong H_r(G*G';\omega*\omega';R).$$

$$(3.26)$$

另一方面，由文献[49,定理 3B.5]知，有短正合序列

$$0 \to \bigoplus_{\substack{p,q \geqslant -1, \\ p+q=r-1}} (H_p(\{\Omega_*^\omega(G), \partial^\omega\};R) \otimes H_q(\{\Omega_*^{\omega'}(G'), \partial'^{\omega'}\};R))$$

$$\to H_{r-1}(\{\Omega_*^\omega(G) \otimes \Omega_*^{\omega'}(G'), \partial^\omega \otimes \partial'^{\omega'}\};R)$$

$$\to \bigoplus_{\substack{p,q \geqslant -1, \\ p+q=r-1}} \mathrm{Tor}_{\mathcal{R}}(H_p\{\Omega_*^\omega(G), \partial^\omega\};R), H_{q-1}(\{\Omega_*^{\omega'}(G'), \partial'^{\omega'}\};R))$$

$$\to 0 \tag{3.27}$$

且序列是可裂的. 因此，由式(3.26)和式(3.27)可得，该定理成立.

3.3.2 定理 3.3.1 的持续形式

设 $n=1,2,\cdots$. 考虑两个顶点加权有向图序列 (G_n, ω_n) 和 (G_n', ω_n')，以及两个态射列 $f_n:(G_n, \omega_n) \to (G_{n+1}, \omega_{n+1})$ 和 $f_n':(G_n', \omega_n') \to (G_{n+1}', \omega_{n+1}')$. 设对每个 n, $G_n = (V_n, E_n)$, $G_n' = (V_n', E_n')$，且 V_n, V_n' 彼此互不相交. 则以上序列可以诱导顶点加权有向图序列 $(G_n*G_n', \omega_n*\omega_n')$ 及态射列

$$f_n*f_n':(G_n*G_n', \omega_n*\omega_n') \to (G_{n+1}*G_{n+1}', \omega_{n+1}*\omega_{n+1}'),$$

其中，

$$(f_n*f_n')(v) = \begin{cases} f_n(v), & v \in V_n, \\ f_n'(v), & v \in V_n'. \end{cases} \tag{3.28}$$

由定义 3.1.1、式(3.19)和式(3.28)可知，对任意 $v \in V_n \bigcup V'_n$，

$$(\omega_{n+1} * \omega'_{n+1})((f_n * f'_n)(v)) = (\omega_n * \omega'_n)(v).$$

此外，可以验证，$G_n * G'_n$ 的任意有向边在 $f_n * f'_n$ 下的像是 $G_{n+1} * G'_{n+1}$ 的有向边. 因此，$f_n * f'_n$ 是顶点加权有向图之间的态射列.

定理 3.3.2　对任意 $r \geqslant 0$，有如下交换图成立，其中每一行都是一个自然的短正合序列，每一个序列均可裂.

$$0 \to \bigoplus_{\substack{p,q \geqslant 1, \\ p+q=r-1}} (H_p(G_1, \omega_1; R) \bigotimes H_q(G'_1, \omega'_1; R)) \to H_r(G_1 * G'_1, \omega_1 * \omega'_1; R)$$

$$(f_1 * f'_1)_* \downarrow \qquad\qquad\qquad \downarrow (f_1 * f'_1)_*$$

$$0 \to \bigoplus_{\substack{p,q \geqslant 1, \\ p+q=r-1}} (H_p(G_2, \omega_2; R) \bigotimes H_q(G'_2, \omega'_2; R)) \to H_r(G_2 * G'_2, \omega_2 * \omega'_2; R)$$

$$(f_2 * f'_2)_* \downarrow \qquad\qquad\qquad \downarrow (f_2 * f'_2)_*$$

$$\cdots \qquad\qquad\qquad \cdots$$

$$\to \bigoplus_{\substack{p,q \geqslant 1, \\ p+q=r-1}} \mathrm{Tor}_R(H_p(G_1, \omega_1; R), H_{q-1}(G'_1, \omega'_1; R)) \to 0$$

$$(f_1 * f'_1)_* \downarrow$$

$$\to \bigoplus_{\substack{p,q \geqslant 1, \\ p+q=r-1}} \mathrm{Tor}_R(H_p(G_2, \omega_2; R), H_{q-1}(G'_2, \omega'_2; R)) \to 0$$

$$(f_2 * f'_2)_* \downarrow$$

$$\cdots$$

证明　根据加权道路同调和 Tor 函子的性质，由定理 3.3.1 可得以上交换图，该定理成立.

第4章 有限集的 Künneth 公式[34]

本章中,我们定义了集合的同调,它源自并包含道路同调[4,8]和嵌入同调[59]的思想.此外,本章中还给出了与集合的同调相关联的集合 Künneth 公式.

4.1 引 言

设 R 是带单位元的交换环,(C,∂) 是由秩为 n 的自由 R-模有限生成的复形.设 $X=\{x_1,\cdots,x_n\}$ 为有限集,则有自然映射

$$X \to C, \quad x_i \mapsto e_i,$$

其中,$e_1,\cdots,e_n$ 是 C 的一组基.为简单起见,记 $C=(R[X],\partial)$.设 S 是 C 的分次子 R-模.设 $\mathrm{Inf}_*(S,C)=(S \bigcap \partial^{-1}S,\partial)$,则 $\mathrm{Inf}_*(S,C)$ 是 C 的子复形.

定义 4.1.1 设 Y 是 X 的子集,$R[Y]$ 是由 Y 生成的自由 R-模.集合 Y 关于 $C=(R[X],\partial)$ 的同调为

$$H_C(Y;R)=H(\mathrm{Inf}_*(R[Y],C)).$$

在没有歧义的情形下,记 $H(Y)=H_C(Y;R)$.

集合的同调概念本质上来自有向图[4]和多图[8]的道路同调以及超图[59]的嵌入同调.在本章中,我们总是考虑自由 R-模而不是阿贝尔群.

Künneth 公式通过因子的同调描述乘积空间的同调.在文献[49]中,

Hatcher 给出了经典的代数 Künneth 公式. 在文献[4,7]中,Grigor'yan、Lin、Muranov 和 Yau 研究了有向图道路同调(具有域系数)的 Künneth 公式. 本章研究了可应用于有向图和超图的集合的 Künneth 公式.

为了方便起见,在本章后续讨论中,总是假设 R 是主理想环,张量积定义都是基于 R 的.

定理 4.1.1 设 R 为主理想环,$C = R[X]$,$C' = R[X']$ 分别是由有限集 X,X' 生成的自由 R-模的复形,并且设 Y,Y' 分别是 X,X' 的子集. 则存在自然的正合序列

$$0 \rightarrow \bigoplus_{p+q=n} H_p(Y) \otimes H_q(Y') \rightarrow H_n(Y \otimes Y') \rightarrow \bigoplus_{p+q=n} \mathrm{Tor}_R(H_p(Y), H_{q-1}(Y')) \rightarrow 0,$$

其中,$Y \times Y'$ 是集合的卡积.

近年来,有向图的拓扑学研究引起了人们的兴趣[4,7]. 设 $G = (V, E)$ 是有向图. 假设 X 是 V 上的正则道路集,那么可以得到链复形 $(C, \partial) = (R[X], \partial)^{[7]}$. 设 $A(G)$ 是 G 上的可许道路集. 我们发现有向图 G 的道路同调与集合 $A(G)$ 的同调一致,即

$$H(G) = H_C(A(G)).$$

Grigor'yan 等人研究了域上有向图的 Künneth 公式[7]. 设 G' 是另一个有向图. 根据定理 4.1.1,为了得到具有环系数的有向图的 Künneth 公式,只需要证明

$$H(A(G) \times A(G')) \cong H(A(G \boxtimes G')),$$

其中,$\boxtimes$ 表示有向图的卡积.

超图是连接拓扑中单纯复形和组合数学中图的一个重要组合对象,其拓扑学研究是一个很有潜力的课题,在理论和应用上都有很好的发展前景[59,62,66]. 设 $\mathcal{H}$ 是超图,$\mathcal{K}_\mathcal{H}$ 是 $\mathcal{H}$ 的关联复形,它是包含 $\mathcal{H}$ 的最小单纯复形. 注意,$\mathcal{H}$ 是超边的集合且

$$H(\mathcal{H}) = H_C(\mathcal{H}),$$

其中，$(C,\partial)=(C_*(\mathcal{K}_{\mathcal{H}};R),\partial)$ 是单纯复形 $\mathcal{K}_{\mathcal{H}}$ 的链复形. 设 $\mathcal{H}'$ 是另一超图. 由定理 4.1.1,得

$$0 \to \bigoplus_{p+q=n} H_p(\mathcal{H}) \otimes H_q(\mathcal{H}') \to H_n(\mathcal{H}\times\mathcal{H}') \to \bigoplus_{p+q=n} \mathrm{Tor}_R(H_p(\mathcal{H}),H_{q-1}(\mathcal{H}')) \to 0,$$

其中，$\mathcal{H}\times\mathcal{H}'$ 是集合的卡积. 然而，由于 $\mathcal{H}\times\mathcal{H}'$ 不一定是超图，所以超图的 Künneth 公式并不容易得到. 在本书第 5 章中，将定义超图的乘积，给出超图的 Künneth 公式.

在本章 4.2 节，我们将构建一个基本代数语言. 在本章 4.3 节，我们证明定理 4.1.1.

4.2　预备知识

在本节中，令 $(C,\partial)=(R[X],\partial)$ 是由有限集 X 生成的自由 R-模的复形. 设 $D=R[Y]$ 是由 Y 生成的自由 R-模，其中 $Y \subseteq X$.

命题 4.2.1　设 M 是 R 上的 $m\times n$ 矩阵，则

$$M=U\Lambda V, U \in R^{m\times m}, V \in R^{n\times n},$$

其中，$\det(U)=\det(V)=1$，Λ 是形如 $(\Lambda_m \quad O)$ 或 $\begin{pmatrix} \Lambda_n \\ O \end{pmatrix}$ 的矩阵. 这里的 Λ_m,Λ_n 是对角矩阵.

引理 4.2.1　设 $z \in D$. 若对某一非零元 $\lambda \in R, \lambda z \in \mathrm{Inf}_*(D,C)$，则 $z \in \mathrm{Inf}_*(D,C)$.

证明　设 $X=\{x_1,\cdots,x_n\}$，则 $x_1,\cdots,x_n$ 是 $R[X]$ 的一组基. 为了方便起见，记 $e_X=(x_1,\cdots,x_n)^{\mathrm{T}}$. 设 Z 是 Y 在 X 中的补集，则 $X=Y\bigcup Z$. 假设

$$\partial z = (\boldsymbol{a} \quad \boldsymbol{b}) \begin{pmatrix} e_Y \\ e_Z \end{pmatrix},$$

其中，$\boldsymbol{a}=(a_1,\cdots,a_{|Y|}) \in R^{1\times|Y|}$，$\boldsymbol{b}=(b_1,\cdots,b_{|Z|}) \in R^{1\times|Z|}$，$e_Y,e_Z$ 分别是由集

合 Y, Z 所定义的向量. 由于 $\lambda \partial Z \in D$，因此

$$\lambda \boldsymbol{b} \boldsymbol{e}_Z = 0.$$

又由于 R 是整环，$\boldsymbol{b} \boldsymbol{e}_Z = 0$. 因此，$\partial z = \boldsymbol{a} \boldsymbol{e}_Y \in D$.

引理得证.

引理 4.2.2 设 $e_1, \cdots, e_{r(D)}$ 是 D 的一组基，则存在某个 α，使得 $e_1, \cdots, e_\alpha$ 是 $\mathrm{Inf}_*(D, C)$ 的一组基，其中，$r(D)$ 代表 D 的秩.

证明 设 $e_1, \cdots, e_n$ 是 D 的一组基，$f_1, \cdots, f_\alpha$ 是 $\mathrm{Inf}_*(D, C)$ 的一组基，则

$$\boldsymbol{f} = A \boldsymbol{e},$$

其中，$\boldsymbol{f} = (f_1, \cdots, f_\alpha)^{\mathrm{T}}, \boldsymbol{e} = (e_1, \cdots, e_n)^{\mathrm{T}}, A$ 是 R 上的 $\alpha \times n$ 矩阵. 由命题 4.2.1，得

$$A = U \Lambda V, U \in R^{\alpha \times n}, V \in R^{n \times n},$$

其中，$\det(U) = \det(V) = 1$ 且

$$\Lambda = \begin{pmatrix} d_1 & & 0 & 0 & \cdots & 0 \\ & \ddots & & & \cdots & \\ 0 & & d_\alpha & 0 & & 0 \end{pmatrix} \in R^{\alpha \times n}.$$

令 $(x_1, \cdots, x_\alpha) = U^{-1} \boldsymbol{f}, (y_1, \cdots, y_n) = V \boldsymbol{e}$，则

$$x_i = d_i y_i, i = 1, \cdots, \alpha.$$

由引理 4.2.1，得 $y_i \in \mathrm{Inf}_*(D, C)$，$i = 1, \cdots, \alpha$. 因此，$y_1, \cdots, y_\alpha$ 是 $\mathrm{Inf}_*(D, C)$ 的一组基，$y_1, \cdots, y_n$ 即为所证.

例 4.2.1 设 $(C, \partial) = (\mathbb{Z}[x, y], \partial), \partial y = x, \partial x = 0, \deg x = 1$. 令 $D = \mathbb{Z}[2x, y]$ 是由 $2x, y$ 生成的自由 $\mathbb{Z}$-模. 注意 $\mathrm{Inf}_*(D, C) = (\mathbb{Z}[2x, 2y], \partial)$，$\partial(2y) = 2x$. 因此，对引理 4.2.2，"$D$ 是由 X 的子集生成的自由 R-模"这一条件是必要的.

引理 4.2.3 设 $K = \mathrm{Ker} \, \partial \subseteq C$，则存在 C 的一组基 $e_1, \cdots, e_{r(C)}$ 使得对于某个 α 而言，$e_1, \cdots, e_\alpha$ 是 K 的一组基，其中 $r(C)$ 代表 C 的秩.

证明 类似引理 4.2.2 的证明可得.

定义 4.2.1 设 M 是有限生成的自由 R-模, $N \subseteq M$ 是 M 的自由子 R-模. 元素族 $x_1, \cdots, x_n \in M$ 称为模 N 线性无关的, 如果

$$c_1 x_1 + \cdots + c_n x_n \in N, c_1, \cdots, c_n \in R,$$

则 $c_1 = \cdots = c_n = 0$ 成立.

由引理 4.2.3, 得到 $C = V \oplus K$, 其中 $K = \mathrm{Ker}\, \partial, V$ 是 C 中 K 的补空间. 注意, 一族元素 $x_1, \cdots, x_n \in C$ 是模 K 线性无关的, 当且仅当 $\partial x_1, \cdots, \partial x_n$ 是线性无关的.

4.3 主要定理的证明

在本节中, 设 $C = R[X], C' = R[X']$ 分别是由有限集合 X, X' 生成的自由 R-模构成的复形. 设 $D = R[Y], D' = R[Y']$ 分别是由 $Y \subseteq X, Y' \subseteq X'$ 生成的自由 R-模. 为方便起见, 如果没有歧义, 以下所有微分将用符号 ∂ 表示.

为了证明定理 4.1.1, 关键要证明

$$\mathrm{Inf}_*(D \otimes D', C \otimes C') = \mathrm{Inf}_*(D, C) \otimes \mathrm{Inf}_*(D', C').$$

这里, 首先给出一些引理.

引理 4.3.1 设 M, N 是有限生成的自由 R-模. 对每个 $z \in M \otimes N$, 存在一个非零元 $\lambda \in R$, 使得

$$\lambda z = \sum_{i=1}^{k} x_i \otimes y_i, x_i \in M, y_i \in N, i = 1, \cdots, k,$$

其中, $\{x_i\}_{1 \leqslant i \leqslant k}, \{y_i\}_{1 \leqslant i \leqslant k}$ 分别是 M, N 中的线性无关元素构成的集族.

证明 设 $z = \sum_{i=1}^{n} x_i \otimes y_i$, 其中 $x_i \in M, y_i \in N, i = 1, \cdots, n$. 如果 $x_1, \cdots, x_n$ 是线性无关的, 则

$$c_1 x_1 + \cdots + c_n x_n = 0, c_1, \cdots, c_n \in R.$$

假设 $c_n \neq 0$, 则

$$c_n z = \sum_{i=1}^{n-1} x_i \bigotimes (c_n y_i - c_i y_n).$$

令 $z_i = c_n y_i - c_i y_n$, 则 $c_n z = \sum_{i=1}^{n-1} x_i \bigotimes z_i$. 从而由有限步可得, $\lambda z = \sum_{i=1}^{k} x_i \bigotimes y_i$, 其中 $\lambda \neq 0$, $\{x_i\}_{1 \leqslant i \leqslant k}$, $\{y_i\}_{1 \leqslant i \leqslant k}$ 分别是 M, N 中的线性无关元素构成的集族.

注 4.3.1   在上述引理中, 可以选择 $\lambda = 1$. 设 $\{e_i\}_{1 \leqslant i \leqslant m}$, $\{f_i\}_{1 \leqslant i \leqslant n}$ 分别是 M 和 N 的一组基, 则

$$z = \sum_{i=1}^{m} \sum_{j=1}^{n} a_{ij} e_i \bigotimes f_j, a_{ij} \in R.$$

设 $A = (a_{ij})_{1 \leqslant i \leqslant m, 1 \leqslant j \leqslant n}$ 为 R 上的矩阵. 由命题 4.2.1, 得

$$A = U \Lambda V, \quad U \in R^{m \times m}, V \in R^{n \times n},$$

其中, $\det(U) = \det(V) = 1$, $\Lambda = \begin{pmatrix} \Lambda_k & O_{k \times (n-k)} \\ O_{(m-k) \times k} & O_{(m-k) \times (n-k)} \end{pmatrix}$. 这里,

$$\Lambda_k = \mathrm{diag}(\lambda_1, \cdots, \lambda_k), \lambda_i \neq 0, i = 1, \cdots, k.$$

记 $\boldsymbol{e} = (e_1, \cdots, e_m)^{\mathrm{T}}$, $\boldsymbol{f} = (f_1, \cdots f_n)^{\mathrm{T}}$, 则 $z = \boldsymbol{e}^{\mathrm{T}} \bigotimes A f = (\boldsymbol{e}^{\mathrm{T}} U) \bigotimes \Lambda(V f)$, 即为所证.

下列引理是证明本章主要定理的一个非常有用的工具.

引理 4.3.2   设 $\{x_i\}_{1 \leqslant i \leqslant k}$, $\{y_i\}_{1 \leqslant i \leqslant k}$ 分别是 C, C' 中的线性无关元素构成的集族. 如果 $\sum_{i=1}^{k} x_i \bigotimes y_i \in D \bigotimes D'$, 则

$$x_i \in D, y_i \in D', i = 1, \cdots, k.$$

证明   设 $e_1, \cdots, e_\alpha, e_{\alpha+1}, \cdots, e_m$ 是 C 的一组基, 其中 $e_1, \cdots, e_\alpha$ 是 D 的一组基; 类似地, 设 $f_1, \cdots, f_\beta, f_{\beta+1}, \cdots, f_n$ 是 C' 的一组基, 其中 $f_1, \cdots, f_\beta$ 是 D' 的一组基.

假设

$$x_i = \sum_{s=1}^{m} a_{is} e_s, y_i = \sum_{t=1}^{n} b_{it} f_t, 1 \leqslant i \leqslant k,$$

其中，$a_{is}, b_{it} \in R, 1 \leqslant s \leqslant m, 1 \leqslant t \leqslant n$. 注意

$$\sum_{i=1}^{k} x_i \otimes y_i = \sum_{s=1}^{m} \sum_{t=1}^{n} (\sum_{i=1}^{k} a_{is} b_{it}) e_s \otimes f_t \in D \otimes D'.$$

对任意的 $s > \alpha$ 或 $t > \beta$，$\sum_{i=1}^{k} a_{is} b_{it} = 0$. 令

$$A_0 = (a_{is})_{1 \leqslant i \leqslant k, 1 \leqslant s \leqslant \alpha}, A_1 = (a_{is})_{1 \leqslant i \leqslant k, \alpha+1 \leqslant s \leqslant m},$$

$$B_0 = (b_{it})_{1 \leqslant i \leqslant k, 1 \leqslant t \leqslant \beta}, B_1 = (b_{it})_{1 \leqslant i \leqslant k, \beta+1 \leqslant t \leqslant n},$$

从而

$$\begin{pmatrix} A_0^{\mathsf{T}} \\ A_1^{\mathsf{T}} \end{pmatrix} (B_0 \quad B_1) = \begin{pmatrix} A_0^{\mathsf{T}} B_0 & O \\ O & O \end{pmatrix}.$$

由于

$$\operatorname{rank}(A_0^{\mathsf{T}}) \geqslant \operatorname{rank}(A_0^{\mathsf{T}} B_0) = k,$$

所以

$$\operatorname{rank}(B_1) \leqslant k - \operatorname{rank}(A_0^{\mathsf{T}}) + \operatorname{rank}(A_0^{\mathsf{T}} B_1) = 0.$$

因此，$B_1 = O$. 类似地，可得 $A_1 = O$. 引理得证.

接下来，给出两个重要引理.

引理 4.3.3 设 $z = \sum_{i=1}^{m} x_i \otimes \alpha_i + \sum_{j=1}^{n} \beta_j \otimes y_j \in \operatorname{Inf}_*(D \otimes D', C \otimes C')$，满足 $\alpha_1, \cdots, \alpha_m \in \partial C$ 且 $\beta_1, \cdots, \beta_n \in \partial C'$. 同时，$\{\partial x_1, \cdots, \partial x_m\}$，$\{\partial y_1, \cdots, \partial y_n\}$，$\{\alpha_1, \cdots, \alpha_m\}$，$\{\beta_1, \cdots, \beta_n\}$ 都是线性无关集. 则存在非零元 $\lambda \in R$ 使得 $\lambda z \in \operatorname{Inf}_*(D, C) \otimes \operatorname{Inf}_*(D', C')$.

证明 由引理 4.3.2，得

$$x_i, \beta_j \in D, y_j, \alpha_i \in D', 1 \leqslant i \leqslant m, 1 \leqslant j \leqslant n.$$

注意，$\partial z = \sum_{i=1}^{m} \partial x_i \otimes \alpha_i + \sum_{j=1}^{n} \beta_j \otimes \partial y_j \in D \otimes D'$. 如果 $\partial x_k, \beta_1, \cdots, \beta_n$ 不是线性无关的，则

$$c_k \partial x_k = a_{k_1}\beta_1 + \cdots + a_{k_n}\beta_n, c_k \neq 0, a_{k_1},\cdots,a_{k_n} \in R.$$

从而 $c_k \partial x_k \in D$. 而且,

$$c_k \partial z = \sum_{i \neq k} c_k \partial x_i \otimes \alpha_i + \sum_{j=1}^{n} \beta_j \otimes (c_k \partial y_j + a_{k_j}\alpha_k).$$

假设对某个 $m'+1 \leqslant k \leqslant m, \partial x_k, \beta_1, \cdots, \beta_n$ 是线性无关的,那么,经过有限步以上操作,可以找到某个非零元 $\lambda \in R$,使得

$$\lambda \partial z = \lambda \sum_{i=1}^{m'} \partial x_i \otimes \alpha_i + \sum_{j=1}^{n} \beta_j \otimes y_j'$$

成立,其中 $y_j' - \lambda \partial y_j (j=1,\cdots,n)$ 是由 $\alpha_{m'+1},\cdots,\alpha_m$ 线性生成的. 另外,$\partial x_1, \cdots, \partial x_{m'}, \beta_1, \cdots, \beta_n$ 是线性无关的. 如果 $y_j', \alpha_1, \cdots, \alpha_{m'}$ 不是线性无关的,可以利用如上类似操作改变 y_j'. 因此,存在非零元 $\lambda, \lambda_1 \in R$,使得

$$\lambda_1 \lambda \partial z = \sum_{i=1}^{m'} x_i' \otimes \alpha_i + \lambda_1 \sum_{j=1}^{n'} \beta_j \otimes y_j'$$

成立,其中 $x_i' - \lambda_1 \lambda \partial x_i (i=1,\cdots,m')$ 是由 $\beta_{n'+1},\cdots,\beta_n$ 线性生成的. 另外,$y_1', \cdots, y_{n'}', \alpha_1, \cdots, \alpha_{m'}$ 是线性无关的. 如果 $x_1', \cdots, x_{m'}', \beta_1, \cdots, \beta_n$ 不是线性无关的,则 $\partial x_1, \cdots, \partial x_{m'}, \beta_1, \cdots, \beta_n$ 不是线性无关的,矛盾. 因此,$x_1', \cdots, x_{m'}', \beta_1, \cdots, \beta_{n'}$ 必是线性无关的. 由引理 4.3.2,得

$$x_i' \in D, y_j' \in D', 1 \leqslant i \leqslant m', 1 \leqslant j \leqslant n'.$$

从而,$\lambda_1 \lambda \partial x_i \in D, \lambda \partial y_j \in D', 1 \leqslant i \leqslant m', 1 \leqslant j \leqslant n'$. 同时,因为对 $m'+1 \leqslant k \leqslant m$,有 $c_k \partial x_k \in D, c_k \neq 0$. 因此,对 $m'+1 \leqslant k \leqslant m, \lambda \partial x_k \in D$. 类似可得,对 $n'+1 \leqslant t \leqslant n$ 有 $\lambda_1 y_t' \in D'$. 所以,

$$\lambda_1 \lambda \partial x_i \in D, \lambda_1 \lambda \partial y_j \in D', 1 \leqslant i \leqslant m, 1 \leqslant j \leqslant n.$$

综上所述,存在非零元 $\lambda_2 \in R$ 使得 $\lambda_2 z \in \mathrm{Inf}_*(D,C) \otimes \mathrm{Inf}_*(D',C')$.

引理 4.3.4　设 $C = V \oplus K, C' = V' \oplus K'$,其中 K, K' 分别是由 C 和 C' 中的圈生成的空间. 则对任一 $z \in C \otimes C'$,存在非零元 $\lambda \in R$,使得

$$\lambda z = \sum_{i=1}^{N_1} x_i \otimes x_i' + \sum_{j=1}^{N_2} u_j \otimes y_j' + \sum_{k=1}^{N_3} y_k \otimes u_k' + \sum_{l=1}^{N_4} v_l \otimes v_l',$$

其中，$x_i,y_k \in C, u_j, v_l \in K, x'_i, y'_j \in C', u'_k, v'_l \in K', 1 \leqslant i \leqslant N_1, 1 \leqslant j \leqslant N_2, 1 \leqslant k \leqslant N_3, 1 \leqslant l \leqslant N_4$ 且

（ⅰ）$x_1, \cdots, x_{N_1}, y_1, \cdots, y_{N_3}, u_1, \cdots, u_{N_2}, v_1, \cdots, v_{N_4}$ 是线性无关的；

（ⅱ）$x_1, \cdots, x_{N_1}, y_1, \cdots, y_{N_3}$ 是模 K 线性无关的；

（ⅲ）$x'_1, \cdots, x'_{N_1}, y'_1, \cdots, y'_{N_2}, u'_1, \cdots, u'_{N_3}, v'_1, \cdots, v'_{N_4}$ 是线性无关的；

（ⅳ）$x'_1, \cdots, x'_{N_1}, y'_1, \cdots, y'_{N_2}$ 是模 K' 线性无关的.

证明 注意

$$C \otimes C' = (V \otimes V') \oplus (K \otimes V') \oplus (V \otimes K') \oplus (K \otimes K').$$

根据引理 4.3.1，对任意 $z \in C \otimes C'$，存在 $\lambda_1 \in R$，使得

$$\lambda_1 z = \sum_{i=1}^{N_1} x_i \otimes x'_i + \sum_{j=1}^{N_2} u_j \otimes y_j + \sum_{k=1}^{N_3} y_k \otimes u'_k + \sum_{l=1}^{N_4} v_l \otimes v'_l,$$

其中，$x_i, y_k \in V, x'_i, y'_j \in V', u_j, v_l \in K, u'_k, v'_l \in K' (1 \leqslant i \leqslant N_1, 1 \leqslant j \leqslant N_2, 1 \leqslant k \leqslant N_3, 1 \leqslant l \leqslant N_4)$ 且 $\{x_i\}_{1 \leqslant i \leqslant N_1}, \{x'_i\}_{1 \leqslant i \leqslant N_1}, \{u_j\}_{1 \leqslant i \leqslant N_2}, \{u'_k\}_{1 \leqslant k \leqslant N_3}, \{y_k\}_{1 \leqslant k \leqslant N_3}, \{y'_j\}_{1 \leqslant j \leqslant N_2}, \{v_l\}_{1 \leqslant l \leqslant N_4}, \{v'_l\}_{1 \leqslant l \leqslant N_4}$ 均是线性无关的元素族. 如果 $x_1, \cdots, x_{N_1}, y_{k_0}$ 不是线性无关的，那么存在非零元 $c_{k_0} \in R$，使得

$$c_{k_0} y_{k_0} = a_{k_0 1} x_1 + \cdots + a_{k_0 N_1} x_{N_1}, a_{k_0 1}, \cdots, a_{k_0 N_1} \in R$$

成立. 因此，

$$c_{k_0} \lambda_1 z = \sum_{i=1}^{N_1} x_i \otimes (a_{k_0 i} x'_i + c_{k_0} u'_k) + c_{k_0} \sum_{j=1}^{N_2} u_j \otimes y'_j + c_{k_0} \sum_{k \neq k_0} y_k \otimes u'_k +$$

$$c_{k_0} \sum_{l=1}^{N_4} v_l \otimes v'_l.$$

经过有限步，上述等式可以进一步简化为

$$\lambda_2 \lambda_1 z = \sum_{i=1}^{N_1} x_i \otimes \overline{x}'_i + \lambda_2 \sum_{j=1}^{N_2} u_j \otimes y'_j + \lambda_2 \sum_{k}^{N'_3} y_k \otimes u'_k + \lambda_2 \sum_{l=1}^{N_4} v_l \otimes v'_l,$$

其中，$\overline{x}'_1, \cdots, \overline{x}'_{N_1} \in C'$ 是模 K' 线性无关的，$x_1, \cdots, x_{N_1}, y_1, \cdots, y_{N'_3}$ 是线性无关的. 如果

$$y'_{j_0}, \overline{x}'_1, \cdots, \overline{x}'_{N_1}$$

是线性相关的,那么通过类似的讨论,可得

$$\lambda_3 \lambda_2 \lambda_1 z = \sum_{i=1}^{N_1} \overline{x}_i \otimes \overline{x}'_i + \lambda_3 \lambda_2 \sum_{j=1}^{N'_2} u_j \otimes y'_j + \lambda_3 \lambda_2 \sum_{k}^{N'_3} y_k \otimes u'_k + \lambda_3 \lambda_2 \sum_{l=1}^{N_4} v_l \otimes v'_l$$

满足:

（ⅰ）$\overline{x}_1, \cdots, \overline{x}_{N_1}, y_1, \cdots, y_{N'_3}, u_1, \cdots, u_{N'_2}$ 是线性无关的;

（ⅱ）$\overline{x}_1, \cdots, \overline{x}_{N_1}, y_1, \cdots, y_{N'_3}$ 是模 K 线性无关的;

（ⅲ）$\overline{x}'_1, \cdots, \overline{x}'_{N_1}, y'_1, \cdots, y'_{N'_2}, u'_1, \cdots, u'_{N'_3}$ 是线性无关的;

（ⅴ）$\overline{x}'_1, \cdots, \overline{x}'_{N_1}, y'_1, \cdots, y'_{N'_2}$ 是模 K' 线性无关的.

为了完成证明,只需考虑元素 $v_1, \cdots, v_{N_4}$ 和 $v'_1, \cdots, v'_{N_4}$ 即可. 如果 $v_{l_0}, u_1,$ $\cdots, u_{N'_2}$ 是线性无关的,则由上述类似过程可得引理成立.

现在给出本节的重要定理——定理 4.3.1.

定理 4.3.1　$\mathrm{Inf}_* (D \otimes D', C \otimes C') = \mathrm{Inf}_* (D, C) \otimes \mathrm{Inf}_* (D', C')$.

证明　首先可以直接证得

$$(D \otimes D') \bigcap \partial^{-1}(D \otimes D') \supseteq (D \bigcap \partial^{-1} D) \otimes (D' \bigcap \partial^{-1} D').$$

因此,我们的主要目标是证明反包含成立.

对任意的 $z \in \mathrm{Inf}_* (D \otimes D', C \otimes C')$,由引理 4.3.4 可得,

$$\lambda z = \sum_{i=1}^{N_1} x_i \otimes x'_i + \sum_{j=1}^{N_2} u_j \otimes y'_j + \sum_{k=1}^{N_3} y_k \otimes u'_k + \sum_{l=1}^{N_4} v_l \otimes v'_l,$$

其中 $\lambda \in R, x_i, y_k \in C, u_j, v_l \in K, x'_i, y'_k \in C', u'_k, v' \in K'_l$.

一方面,因为 $z \in D \otimes D'$,所以由引理 4.3.2 可得,对任意 $1 \leqslant i \leqslant N_1$, $1 \leqslant j \leqslant N_2, 1 \leqslant k \leqslant N_3$ 和 $1 \leqslant l \leqslant N_4$,有

$$x_i, y_k, u_j, v_l \in D, x'_i, y'_k, u'_k, v'_l \in D'.$$

注意,

$$\lambda \partial z = \sum_{i=1}^{N_1} \partial x_i \otimes x'_i + \sum_{i=1}^{N_1} (-1)^{\deg x_i} x_i \otimes \partial x'_i + \sum_{j=1}^{N_2} (-1)^{\deg u_j} u_j \otimes \partial y'_j +$$

$$\sum_{k=1}^{N_3} \partial y_k \otimes u'_k.$$

由于 $x_1, \cdots, x_{N_1}, y_1, \cdots, y_{N_3}$ 是模 K 线性无关的,因此

$$x_1, \cdots, x_{N_1}, \partial x_1, \cdots, \partial x_{N_1}, \partial y_1, \cdots, \partial y_{N_3}$$

是线性无关的. 如果

$$u_{j_0}, \partial x_1, \cdots, \partial x_{N_1}, \partial y_1, \cdots, \partial y_{N_3}$$

不是线性无关的,那么

$$c_{j_0} u_{j_0} = \sum_{i=1}^{N_1} a_{j_0 i} \partial x_i + \sum_{k=1}^{N_3} b_{j_0 k} \partial y_k, c_{j_0} \neq 0.$$

从而,

$$c_{j_0} \lambda \partial z = \sum_{i=1}^{N_1} \partial x_i \otimes (c_{j_0} x'_i + (-1)^{\deg u_{j_0}} a_{j_0 i} \partial y'_{j_0}) + c_{j_0} \sum_{i=1}^{N_1} (-1)^{\deg x_i} x_i \otimes \partial x'_i +$$

$$c_{j_0} \sum_{j \neq j_0} (-1)^{\deg u_j} u_j \otimes \partial y'_j + \sum_{k=1}^{N_3} \partial y_k \otimes (c_{j_0} u'_k + (-1)^{\deg u_{j_0}} b_{j_0 k} \partial y'_{j_0}).$$

我们可以假设 $N'_2 + 1 \leqslant j_0 \leqslant N_2, u_{j_0}, \partial x_1, \cdots, \partial x_{N_1}, \partial y_1, \cdots, \partial y_{N_3}$ 不是线性无关的,那么经过有限步后,以上等式可以简化为

$$\lambda_1 \partial z = \sum_{i=1}^{N_1} \partial x_i \otimes \overline{x}'_i + \mu_1 \sum_{i=1}^{N_1} x_i \otimes \partial x'_i + \mu_2 \sum_{j=1}^{N'_2} u_j \otimes \partial y'_j + \sum_{k=1}^{N_3} \partial y_k \otimes \overline{u}'_k,$$

其中 $\lambda_1, \mu_1, \mu_2 \in R$ 是非零元且 $x_1, \cdots, x_{N_1}, \partial x_1, \cdots, \partial x_{N_1}, \partial y_1, \cdots, \partial y_{N_3}, u_1,$ $\cdots, u_{N'_2}$ 是线性无关的. 由以上构造可得,

$$\overline{x}'_1, \cdots, \overline{x}'_{N_1}, \partial x'_1, \cdots, \partial x'_{N_1}, \partial y'_1, \cdots, \partial y'_{N'_2}$$

是线性无关的. 如果 $\overline{u}'_{k_0}, \partial x'_1, \cdots, \partial x'_{N_1}, \partial y'_1, \cdots, \partial y'_{N'_2}$ 不是线性无关的,通过类似的过程,可得

$$\lambda_2 \partial z = \nu_1 \sum_{i=1}^{N_1} \partial x_i \otimes \overline{x}'_i + \nu_2 \sum_{i=1}^{N_1} \overline{x}_i \otimes \partial x'_i + \nu_3 \sum_{j=1}^{N'_2} \overline{u}_j \otimes \partial y'_j + \nu_4 \sum_{k=1}^{N'_3} \partial y_k \otimes \overline{u}'_k,$$

其中 $\lambda_2, \nu_1, \nu_2, \nu_3, \nu_4 \in R$ 是非零元且 $\overline{x}_1, \cdots, \overline{x}_{N_1}, \partial x_1, \cdots, \partial x_{N_1}, \partial y_1, \cdots,$ $\partial y_{N'_3}, \overline{u}_1, \cdots, \overline{u}_{N'_2}$ 及 $\overline{x}'_1, \cdots, \overline{x}'_{N_1}, \partial x'_1, \cdots, \partial x'_{N_1}, \partial y'_1, \cdots, \partial y'_{N'_2}, \overline{u}_1, \cdots, \overline{u}_{N'_3}$ 是线性

无关的.

另一方面,由于 $\partial z \in D \otimes D'$,所以由引理 4.3.2,有

$$\overline{x}_1,\cdots,\overline{x}_{N_1},\partial x_1,\cdots,\partial x_{N_1},\partial y_1,\cdots,\partial y_{N_3'},\overline{u}_1,\cdots,\overline{u}_{N_2'} \in D.$$

从而,

$$x_1,\cdots,x_{N_1},y_1,\cdots,y_{N_3'} \in D \bigcap \partial^{-1}D = \text{Inf}_*(D,C).$$

类似可证,

$$x'_1,\cdots,x'_{N_1},y'_1,\cdots,y'_{N_2'} \in \text{Inf}_*(D',C').$$

这意味着

$$\sum_{i=1}^{N_1} x_i \otimes x'_i + \sum_{j=1}^{N_2'} u_j \otimes y'_j + \sum_{k=1}^{N_3'} y_k \otimes u'_k + \sum_{l=1}^{N_4} v_l \otimes v'_l \in \text{Inf}_*(D,C) \otimes \text{Inf}_*(D',C').$$

设

$$z_1 = \sum_{j=N_2'+1}^{N_2} u_j \otimes y'_j + \sum_{k=N_3'+1}^{N_3} y_k \otimes u'_k.$$

由前面的构造可知 $u_{N_2'+1},\cdots,u_{N_2}$ 和 $u'_{N_3'+1},\cdots,u'_{N_3}$ 都是边界. 因此由引理 4.3.3 得,存在非零元 $\lambda' \in R$,使得 $\lambda' z_1 \in \text{Inf}_*(D,C) \otimes \text{Inf}_*(D',C')$. 因此,

$$\lambda\lambda' z \in \text{Inf}_*(D,C) \otimes \text{Inf}_*(D',C').$$

由引理 4.2.2 可知,存在 D 的一组基 $S_1 \bigcup T_1$ 使得 S_1 是 $\text{Inf}_*(D,C)$ 的一组基. 同样地,存在 D' 的一组基 $S_2 \bigcup T_2$ 使得 S_2 是 $\text{Inf}_*(D',C')$ 的一组基. 令 $S = S_1 \otimes S_2$. 因此,我们可以选择 $D \otimes D'$ 的一组基 $S \bigcup T$ 使得 S 是 $\text{Inf}_*(D,C) \otimes \text{Inf}_*(D',C')$ 的一组基.

设

$$z = (\boldsymbol{a} \quad \boldsymbol{b}) \begin{pmatrix} e_S \\ e_T \end{pmatrix} \in D \otimes D',$$

其中, $\boldsymbol{a} = (a_1,\cdots,a_{|S|}) \in R^{1 \times |S|}, \boldsymbol{b} = (b_1,\cdots,b_{|T|}) \in R^{1 \times |T|}$. 由于

$$\lambda\lambda' z \in \text{Inf}_*(D,C) \otimes \text{Inf}_*(D',C'),$$

所以

$$\lambda\lambda'\boldsymbol{b}e_T=0.$$

又由于 R 是主理想整环,所以 $\boldsymbol{b}e_T=0$. 这意味着

$$z\in \mathrm{Inf}_*(D,C)\otimes \mathrm{Inf}_*(D',C').$$

定理得证.

例 4.3.1　我们仍沿用例 4.2.1 中给出的例子,令 $(C',\partial)=(\mathbb{Z}[x',y'],\partial),\partial y'=x',\partial x'=0,\deg x'=1$ 且 $D'=\mathbb{Z}[2x',y']$ 是由 $2x',y'$ 生成的自由 $\mathbb{Z}$-模,则

$$\mathrm{Inf}_*(D,C)\otimes \mathrm{Inf}_*(D',C')=\mathbb{Z}[2x,2y]\otimes \mathbb{Z}[2x',2y'].$$

因此,定理 4.3.1 中的结论与 D,D' 分别是由 X,X' 的子集生成的自由 R-模密切相关.

定理 4.3.2[49,定理3B.5]　设 R 为主理想整环,C,C' 为自由 R-模的链复形.则存在自然的正合序列

$$0\to \bigoplus_{p+q=n}H_p(C)\otimes H_q(C')\to H_n(C\otimes C')\to \bigoplus_{p+q=n}\mathrm{Tor}_R(H_p(C),H_{q-1}(C'))\to 0.$$

定理 4.1.1 的证明:注意 $R[Y]\otimes R[Y']\cong R[Y\times Y']$,因此,由定理 4.3.1 和定理 4.3.2 可得.定理 4.1.1 结论成立.

第 5 章　嵌入同调的 Künneth 公式[33]

超图是复杂网络的重要模型,它可以看作由单纯复形缺失一些面而得到的,是连接拓扑中的单纯复形与组合数学中的图的关键枢纽. 超图的嵌入同调是近年来数学上的新进展,它可以反映复杂网络的拓扑和几何特征,而这是超图的关联单纯复形所不能做到的.

Künneth 公式通过因子的同调或上同调来描述乘积空间的同调或上同调. 本章主要证明了超图生成的自由 R-模的张量积的下确界链复形同构于其各自下确界链复形的张量积,并基于超图的嵌入同调群,利用经典代数 Künneth 公式给出了超图的 Künneth 公式的类似物,为进一步研究超图的上同调理论提供了理论基础. 事实上,这里的 Künneth 公式可以延拓到链复形的分次阿贝尔群的嵌入同调的 Künneth 公式,该公式可以用于推广域系数的有向图 Künneth 公式.

5.1　简　介

在拓扑学中,通过删除一些非极大单形,可以从单纯复形中获得超图[59]. 超图是许多真实数据问题的典型数学网络模型. 例如,科学研究者及合作的合作网络[67]、生物细胞网络以及生物分子和生物分子相互作用网络[68]. 超图是连接拓扑中的单纯复形和组合数学中的图的关键枢纽,在理论和应用上都值得研究[59,69,70].

设 $V_{\mathcal{H}}$ 为全序有限集. 设 2^V 表示 V 的幂集, $\varnothing$ 表示空集. 超图是偶对 $(V_{\mathcal{H}},$ $\mathcal{H})$, 其中 $\mathcal{H}$ 是 $2^V \backslash \{\varnothing\}$ 的子集. $V_{\mathcal{H}}$ 的元素称为顶点, $\mathcal{H}$ 的元素称为超边. 由 $k+1$ 个顶点组成的超边 $\sigma \in \mathcal{H}$, 称为 $\mathcal{H}$ 的 k 维超边($k \geqslant 0$), 表示为 $\sigma^{(p)}$ 或简记为 σ. 在本章中, 我们总是假设 $V_{\mathcal{H}}$ 中的每个顶点至少出现在 $\mathcal{H}$ 的一条超边中. 因此, $V_{\mathcal{H}}$ 是并集 $\bigcup_{\sigma \in \mathcal{H}} \sigma$. 超图 $(V_{\mathcal{H}}, \mathcal{H})$ 也常简记为 $\mathcal{H}$.

设 $\mathcal{H}$ 是超图. $\mathcal{H}$ 的关联单纯复形 $\mathcal{K}_{\mathcal{H}}$ 被定义为包含 $\mathcal{H}$ 的最小单纯复形[59]. 准确地说, $\mathcal{K}_{\mathcal{H}}$ 的每个单形都是 $\mathcal{H}$ 某个超边的非空子集. 超图有各种(上)同调理论. 例如, 1992 年, Chung 和 Graham 以组合方式为超图构造了某种上同调[69]. Johnson 在 2009 年将超图拓扑应用于研究复杂系统的超网络[70]. Bressan、Li、Ren 和 Wu 在 2019 年定义了超图的嵌入同调及超图序列的持续嵌入同调[59].

设 R 为主理想环. 设 $\mathcal{H}$ 是超图, $R(\mathcal{H})_n$ 是由 $\mathcal{H}$ 中 n-维超边有限生成的自由 R-模. 设 $\mathcal{K}$ 是包含 $\mathcal{H}$ 的任意一个单纯复形, $\mathcal{H}$ 的下确界链复形和上确界链复形分别定义为:

$$\mathrm{Inf}_n(R(\mathcal{H})_*) = R(\mathcal{H})_n \bigcap (\partial_n)^{-1} R(\mathcal{H})_{n-1}, n \geqslant 0 \tag{5.1}$$

$$\mathrm{Sup}_n(R(\mathcal{H})_*) = R(\mathcal{H})_n \bigcap \partial_{n+1} R(\mathcal{H})_{n+1}, n \geqslant 0 \tag{5.2}$$

其中, ∂_* 是 $\mathcal{K}$ 上的边界映射, ∂_*^{-1} 表示 ∂_* 的逆映射[59]. 链复形 $\mathrm{Inf}_n(R(\mathcal{H})_*)$ 和 $\mathrm{Sup}_n(R(\mathcal{H})_*)$ 不依赖于 $\mathcal{H}$ 所嵌入的单纯复形 $\mathcal{K}$ 的选取. 因此, $\mathcal{K}$ 可以看作 $\mathcal{H}$ 的关联复形. 这两个链复形(5.1)和(5.2)的同调是同构的[59,命题2.4], 定义为 $\mathcal{H}$ 的嵌入同调, 表示为 $H_n(\mathrm{Inf}_*(\mathcal{H}))$ 或简记为 $H_n(\mathcal{H})$. 特别地, 如果超图是单纯复形, 则嵌入同调与通常的单纯同调一致. 此外, 由文献[59,命题 3.7]可知, 从 $\mathcal{H}$ 到 $\mathcal{H}'$ 的超图之间的态射诱导嵌入同调群 $H_n(\mathcal{H};R)$ 和 $H_n(\mathcal{H}';R)$ 之间的同态.

Künneth 公式根据因子的同调或上同调来描述乘积空间的同调或上同调.

Hatcher 给出了经典的代数 Künneth 公式[49]. Grigor'yan, Lin, Muranov 和 Yau 研究了有向图道路同调(域系数)的 Künneth 公式[4,7]. 本章给出了嵌入同调的 Künneth 公式.

5.2 链复形的分次阿贝尔子群的张量积

在本节中,作为预备知识,我们定义了链复形的分次阿贝尔子群的张量积. 首先,回顾链复形张量积的定义. 本节内容见文献[49,第 3 章,第 3. B 节].

设 C 和 C' 为链复形

$$C = \{C_n, \partial_n\}_{n \geq 0}, C' = \{C'_n, \partial'_n\}_{n \geq 0}.$$

它们的张量积是一个链复形

$$C \otimes C' = \{ \bigoplus_{\substack{p+q=n, \\ p,q \geq 0}} C_p \otimes C'_q, \bigoplus_{\substack{p+q=n, \\ p,q \geq 0}} \partial_p \otimes \partial'_q \} n \geq 0. \qquad (5.3)$$

在式(5.3)中,边界映射具体运算形式如下:对任意 $u_p \in C_p$ 和 $v_q \in C'_q$,

$$(\partial_p \otimes \partial'_q)(u_p \otimes v_q) = (\partial_p u_p) \otimes v_q + (-1)^p u_p \otimes (\partial'_q v_q).$$

为简单起见,我们记

$$(C \otimes C')_n = \bigoplus_{\substack{p+q=n, \\ p,q \geq 0}} C_p \otimes C'_q,$$

$$(\partial \otimes \partial')_n = \bigoplus_{\substack{p+q=n, \\ p,q \geq 0}} \partial_p \otimes \partial'_q.$$

从而

$$(\partial \otimes \partial')_n \left(\sum_{\substack{p+q=n, \\ p,q \geq 0}} u_p \otimes v_q \right) = \sum_{\substack{p+q=n, \\ p,q \geq 0}} (\partial_p u_p) \otimes v_q + (-1)^p u_p \otimes (\partial'_q v_q).$$

$$(5.4)$$

由式(5.4),得

$$(\partial \otimes \partial')_n : (C \otimes C')_n \to (C \otimes C')_{n-1}$$

定义良好且对任意 $n \geq 0$,

$$(\partial \otimes \partial')_n \circ (\partial \otimes \partial')_{n+1} = 0.$$

因此,式(5.3)是链复形.

其次,推广链复形的张量积,定义链复形的分次阿贝尔子群的张量积.

对任意 $n \geqslant 0$,我们考虑交换子群 $D_n \subseteq C_n$ 和 $D_n' \subseteq C_n'$,得到链复形的分次阿贝尔子群

$$D = \{D_n\}_{n \geqslant 0}, D' = \{D_n'\}_{n \geqslant 0}.$$

D 和 D' 的张量积定义为

$$D \otimes D' = \{ \bigoplus_{\substack{p+q=n, \\ p,q \geqslant 0}} D_p \otimes D_q' \}.$$

可以直接验证,$D \otimes D'$ 是链复形 $C \otimes C'$ 的分次阿贝尔子群. 为简单起见,记

$$(D \otimes D')_n = \bigoplus_{\substack{p+q=n, \\ p,q \geqslant 0}} D_p \otimes D_q'.$$

引理 5.2.1 对任意 $n \geqslant 0$,

$$(\partial \otimes \partial')_n (D \otimes D')_n = \sum_{\substack{p+q=n, \\ p,q \geqslant 0}} \partial_p D_p \otimes D_q' + D_p \otimes \partial_q' D_q'.$$

证明 由式(5.4),直接计算可得

$$(\partial \otimes \partial')_n (D \otimes D)_n = (\partial \otimes \partial')_n (\bigoplus_{\substack{p+q=n, \\ p,q \geqslant 0}} D_p \otimes D_q')$$

$$= \sum_{\substack{p+q=n, \\ p,q \geqslant 0}} (\partial \otimes \partial')_n (D_p \otimes D_q')$$

$$= \sum_{\substack{p+q=n, \\ p,q \geqslant 0}} \partial_p D_p \otimes D_q' + D_p \otimes \partial_q' D_q'.$$

引理得证.

5.3 主要定理的辅助结果

设 R 是主理想环. 由超图的所有超边生成的自由 R-模是其关联复形的链复形的分次阿贝尔群. 本节将给出主要定理的一个重要辅助结果——命题 5.3.1 并

用实例加以说明.

引理 5.3.1　设 $\mathcal{H}$ 和 $\mathcal{H}'$ 是两个超图. 则 $\mathrm{Inf}_n(R(\mathcal{H}) \bigotimes R(\mathcal{H}'))(n \geqslant 0)$ 中的每个元素可以写成如下形式:

$$\sum_{i=1}^{m} x_i \bigotimes y_i, \deg(x_i) = p_i, \deg(y_i) = q_i, p_i + q_i = n.$$

其中, x_i 和 y_i 分别是 $\mathcal{H}$ 和 $\mathcal{H}'$ 的超边的线性组合, 满足对任意 $1 \leqslant i \leqslant m$,

$$(x_i \bigotimes y_i) \in \mathrm{Inf}_n(R(\mathcal{H}) \bigotimes R(\mathcal{H}')).$$

证明　由式(5.1)可知,

$$\mathrm{Inf}_n(R(\mathcal{H}) \bigotimes R(\mathcal{H}')) = (R(\mathcal{H}) \bigotimes R(\mathcal{H}'))_n \bigcap (\partial \bigotimes \partial')_n^{-1}(R(\mathcal{H}) \bigotimes R(\mathcal{H}'))_{n-1}.$$

设

$$g = r_1(\sigma_1 \bigotimes \tau_1) + \cdots + r_l(\sigma_l \bigotimes \tau_l)$$

是 $(R(\mathcal{H}) \bigotimes R(\mathcal{H}'))_n \bigcap (\partial \bigotimes \partial')_n^{-1}(R(\mathcal{H}) \bigotimes R(\mathcal{H}'))_{n-1}$ 中的元素, 其中 $\sigma_i \in \mathcal{H}, \tau_i \in \mathcal{H}'$ 且 $r_i \in R$.

注意,

$$(\partial \bigotimes \partial')_n(g) \in (R(\mathcal{H}) \bigotimes R(\mathcal{H}'))_{n-1}$$

且

$$(\partial \bigotimes \partial')_n(\sigma_1 \bigotimes \tau_1) = \partial \sigma_1 \bigotimes \tau_1 + (-1)^{\deg(\sigma_1)} \sigma_1 \bigotimes \partial' \tau_1.$$

考虑以下两种情形:

情形 1　$\partial \sigma_1 \in R(\mathcal{H})_{p_1-1}, \partial \tau_1 \in R(\mathcal{H}')_{q_1-1}$. 则

$$\sigma_1 \bigotimes \tau_1 \in (R(\mathcal{H}) \bigotimes R(\mathcal{H}'))_n \bigcap (\partial \bigotimes \partial')_n^{-1}(R(\mathcal{H}) \bigotimes R(\mathcal{H}'))_{n-1}.$$

因此, 令 $x_1 = r_1 \sigma_1, y_1 = \tau_1$ 即可.

情形 2　$\partial \sigma_1 \notin R(\mathcal{H})_{p_1-1}$ 或 $\partial \tau_1 \notin R(\mathcal{H}')_{q_1-1}$. 不失一般性, 假设 $\partial \sigma_1 \notin R(\mathcal{H})_{p_1-1}$. 则存在 $0 \leqslant k_1 \leqslant p_1$, 使得 $d_{k_1}(\sigma_1) \notin R(\mathcal{H})_{p_1-1}$. 由于 $(\partial \bigotimes \partial')_n(g) \in (R(\mathcal{H}) \bigotimes R(\mathcal{H}'))_{n-1}$, 从而

$$\sum_{\{(j,k_j) \mid d_{k_j}(\sigma_j) = d_{k_1}(\sigma_1)\}} (-1)^{k_j} r_j = 0,$$

其中, $\tau_1 = \tau_j$, $p_1 = p_j$, $q_1 = q_j$. 因此, 得到 $\mathcal{H}$ 中有限超边的线性组合 $x_1 = (r_1\sigma_1 + r_j\sigma_j + \cdots)$ 且 $y_1 = \tau_1$.

通过有限次重复上述过程并结合情形 1 和情形 2, 引理得证.

下例说明了 $\operatorname{Inf}_n(R(\mathcal{H}) \otimes R(\mathcal{H}'))$ 中元素的形式.

例 5.3.1 设超图

$$\mathcal{H} = \{\{v_1\}, \{v_3\}, \{v_1, v_2\}, \{v_2, v_3\}, \{v_1, v_3\}\},$$

$$\mathcal{H}' = \{\{w_2\}, \{w_3\}, \{w_1, w_2\}, \{w_2, w_3\}, \{w_1, w_3\}\}$$

且 $R = \mathbb{Z}$. 令

$$g = \{v_1, v_2\} \otimes \{w_2, w_3\} + \{v_1, v_3\} \otimes \{w_1, w_3\} + \{v_2, v_3\} \otimes \{w_2, w_3\} - \{v_1, v_3\} \otimes \{w_1, w_2\} + \{v_1, v_3\} \otimes \{w_2, w_3\}.$$

可以直接证明

$$g \in \operatorname{Inf}_2(R(\mathcal{H}) \otimes R(\mathcal{H}')), \{v_1, v_3\} \otimes \{w_2, w_3\} \in \operatorname{Inf}_2(R(\mathcal{H}) \otimes R(\mathcal{H}')),$$

而以下元素

$$\{v_1, v_2\} \otimes \{w_2, w_3\}, \{v_1, v_3\} \otimes \{w_1, w_3\}, \{v_2, v_3\} \otimes \{w_2, w_3\}, \{v_1, v_3\} \otimes \{w_1, w_2\}$$

均不属于 $\operatorname{Inf}_2(R(\mathcal{H}) \otimes R(\mathcal{H}'))$. 但是可以将 g 表示为

$$g = (\{v_1, v_2\} + \{v_2, v_3\}) \otimes \{w_2, w_3\} + \{v_1, v_3\} \otimes (\{w_1, w_3\} - \{w_1, w_2\}) + \{v_1, v_3\} \otimes \{w_2, w_3\},$$

使得

$$(\{v_1, v_2\} + \{v_2, v_3\}) \otimes \{w_2, w_3\}, \{v_1, v_3\} \otimes (\{w_1, w_3\} - \{w_1, w_2\}),$$

$$\{v_1, v_3\} \otimes \{w_2, w_3\}$$

都属于 $\operatorname{Inf}_2(R(\mathcal{H}) \otimes R(\mathcal{H}'))$.

命题 5.3.1 设 $\mathcal{H}, \mathcal{H}'$ 都是超图. 则对任意的 $n \geqslant 0$, 有

$$\operatorname{Inf}_n(R(\mathcal{H}) \otimes R(\mathcal{H}')) = (\operatorname{Inf}_*(R(\mathcal{H})) \otimes \operatorname{Inf}_*(R(\mathcal{H}')))_n.$$

证明 将引理 5.2.1 中的 D 和 D' 分别替换为 $\operatorname{Inf}_*(R(\mathcal{H}))$ 和 $\operatorname{Inf}_*(R(\mathcal{H}'))$, 得

$$(\partial \otimes \partial')_n (\mathrm{Inf}_*(R(\mathcal{H})) \otimes \mathrm{Inf}_*(R(\mathcal{H}')))_n$$

$$= \sum (\partial_p(\mathrm{Inf}_p(R(\mathcal{H}))) \otimes \mathrm{Inf}_q(R(\mathcal{H})) + \mathrm{Inf}_p(R(\mathcal{H})) \otimes \partial'_q(\mathrm{Inf}_q(R(\mathcal{H}'))))$$

$$\subseteq (R(\mathcal{H}) \otimes R(\mathcal{H}'))_{n-1}.$$

而且,

$$(\mathrm{Inf}_*(R(\mathcal{H})) \otimes \mathrm{Inf}_*(R(\mathcal{H}')))_n \subseteq (R(\mathcal{H}) \otimes R(\mathcal{H}'))_n.$$

因此,

$$(\mathrm{Inf}_*(R(\mathcal{H})) \otimes \mathrm{Inf}_*(R(\mathcal{H}')))_n \subseteq (R(\mathcal{H}) \otimes R(\mathcal{H}'))_n \bigcap$$

$$(\partial \otimes \partial')_n^{-1} (R(\mathcal{H}) \otimes R(\mathcal{H}'))_{n-1}.$$

这意味着

$$(\mathrm{Inf}_*(R(\mathcal{H})) \otimes \mathrm{Inf}_*(R(\mathcal{H}')))_n \subseteq \mathrm{Inf}_n(R(\mathcal{H}) \otimes R(\mathcal{H}')).$$

另一方面,对每一项

$$x \otimes y \in \mathrm{Inf}_n(R(\mathcal{H}) \otimes R(\mathcal{H}')), \deg(x) = p, \deg(y) = q, p + q = n,$$

有

$$(\partial \otimes \partial')_n (x \otimes y) = ((\partial_p x) \otimes y + (-1)^p x \otimes (\partial'_q y)) \in (R(\mathcal{H}) \otimes R(\mathcal{H}'))_{n-1}.$$

从而,

$$(\partial_p x) \otimes y \in (R(\mathcal{H}) \otimes R(\mathcal{H}'))_{n-1}, x \otimes (\partial'_q y) \in (R(\mathcal{H}) \otimes R(\mathcal{H}'))_{n-1}.$$

因此,

$$x \in R(\mathcal{H})_p \bigcap \partial_p^{-1} R(\mathcal{H})_{p-1}, y \in R(\mathcal{H}')_q \bigcap \partial_q'^{-1} R(\mathcal{H}')_{q-1}$$

且

$$(x \otimes y) \in (\mathrm{Inf}_*(R(\mathcal{H})) \otimes \mathrm{Inf}_*(R(\mathcal{H}')))_n.$$

由引理 5.3.1,得

$$\mathrm{Inf}_n(R(\mathcal{H}) \otimes R(\mathcal{H}')) \subseteq (\mathrm{Inf}_*(R(\mathcal{H})) \otimes \mathrm{Inf}_*(R(\mathcal{H}')))_n.$$

命题得证.

接下来,通过例子来说明命题 5.3.1.

例 5.3.2　考虑例 5.3.1 中的超图 $\mathcal{H}, \mathcal{H}'$. 则

$$\mathrm{Inf}_n(R(\mathcal{H})) = R\{\{v_1\},\{v_3\},\{v_1,v_3\},\{\{v_1,v_2\}-\{v_2,v_3\}\}\},$$

$$\mathrm{Inf}_n(R(\mathcal{H}')) = R\{\{w_2\},\{w_3\},\{w_2,w_3\},\{\{w_1,w_2\}-\{w_1,w_3\}\}\},$$

$$\mathrm{Inf}_*(R(\mathcal{H})) \otimes \mathrm{Inf}_*(R(\mathcal{H}')) = R\{\{v_1\}\otimes\{w_2\},\{v_1\}\otimes\{w_3\},$$

$$\{v_3\}\otimes\{w_2\},\{v_3\}\otimes\{w_3\},$$

$$\{v_1,v_3\}\otimes\{w_2,w_3\},\{v_1\}\otimes\{w_2,w_3\},\{v_1,v_3\}\otimes$$

$$(\{w_1,w_2\}-\{w_1,w_3\}),(\{v_1,v_2\}+\{v_2,v_3\})\otimes$$

$$(\{w_1,w_2\}-\{w_1,w_3\}),\{v_3\}\otimes\{w_2,w_3\},$$

$$\{v_1\}\otimes(\{w_1,w_2\}-\{w_1,w_3\}),$$

$$\{v_3\}\otimes(\{w_1,w_2\}-\{w_1,w_3\}),\{v_1,v_3\}\otimes\{w_2\},$$

$$\{v_1,v_3\}\otimes\{w_3\},$$

$$(\{v_1,v_2\}+\{v_2,v_3\})\otimes\{w_2\},$$

$$(\{v_1,v_2\}+\{v_2,v_3\})\otimes\{w_3\}\};$$

$$R(\mathcal{H})\otimes R(\mathcal{H}') = R\{\{v_1\}\otimes\{w_2\},\{v_1\}\otimes\{w_3\},\{v_3\}\otimes\{w_2\},\{v_3\}\otimes\{w_3\},$$

$$\{v_1,v_2\}\otimes\{w_2\},\{v_1,v_3\}\otimes\{w_3\},$$

$$\{v_1\}\otimes\{w_1,w_2\},\{v_1\}\otimes\{w_2,w_3\},$$

$$\{v_1\}\otimes\{w_1,w_3\},\{v_3\}\otimes\{w_1,w_2\},$$

$$\{v_3\}\otimes\{w_2,w_3\},\{v_3\}\otimes\{w_1,w_3\},$$

$$\{v_1,v_2\}\otimes\{w_1,w_2\},\{v_1,v_2\}\otimes\{w_2,w_3\},\{v_1,v_2\}\otimes\{w_1,w_3\},$$

$$\{v_2,v_3\}\otimes\{w_1,w_2\},\{v_2,v_3\}\otimes\{w_2,w_3\},\{v_2,v_3\}\otimes\{w_1,w_3\},$$

$$\{v_1,v_3\}\otimes\{w_1,w_2\},\{v_1,v_3\}\otimes\{w_2,w_3\},\{v_1,v_3\}\otimes\{w_1,w_3\}\};$$

$$\mathrm{Inf}_*(R(\mathcal{H})\otimes R(\mathcal{H}')) = R\{\{v_1\}\otimes\{w_2\},\{v_1\}\otimes\{w_3\},\{v_3\}\otimes\{w_2\},\{v_3\}\otimes\{w_3\},$$

$$(\{v_1,v_2\}+\{v_2,v_3\})\otimes\{w_2\},(\{v_1,v_2\}+\{v_2,v_3\})\otimes\{w_3\},$$

$$\{v_1,v_3\}\otimes\{w_2\},\{v_1,v_3\}\otimes\{w_3\},$$

$$\{v_3\}\otimes\{w_2,w_3\},\{v_1\}\otimes\{w_2,w_3\},$$

$$\{v_1\}\otimes(\{w_1,w_2\}-\{w_1,w_3\}),$$

$$\{v_3\} \bigotimes (\{w_1,w_2\} - \{w_1,w_3\}),$$

$$(\{v_1,v_2\} + \{v_2,v_3\}) \bigotimes (\{w_1,w_2\} - \{w_1,w_3\}))\}.$$

因此,

$$\mathrm{Inf}_* (R(\mathcal{H}) \bigotimes R(\mathcal{H}')) = \mathrm{Inf}_* (R(\mathcal{H})) \bigotimes \mathrm{Inf}_* (R(\mathcal{H}')).$$

5.4 嵌入同调的 Künneth 公式

本节中,我们将定义超图的乘积,并证明超图乘积的 Künneth 公式.

5.4.1 超图的乘积

我们定义了超图的乘积,并在命题 5.4.1 中给出了超图乘积与其关联单纯复形的笛卡尔乘积之间的联系.

定义 5.4.1 设 $\mathcal{H}, \mathcal{H}'$ 为超图. 定义超图的乘积为超图 $\mathcal{H} \boxtimes \mathcal{H}'$ [①],其元素形式为

$$\omega = \{(v_{\alpha(0)}, w_{\beta(0)}), (v_{\alpha(1)}, w_{\beta(1)}), \cdots, (v_{\alpha(p+q)}, w_{\beta(p+q)})\},$$

其中, $\sigma = \{v_0, \cdots, v_p\} \in \mathcal{H}, \tau = \{w_0, \cdots, w_q\} \in \mathcal{H}'$ 并且对任意的 i, 有

$$\begin{cases} \alpha(i+1) = \alpha(i) \\ \beta(i+1) = \beta(i) + 1 \end{cases}$$

或者

$$\begin{cases} \alpha(i+1) = \alpha(i) + 1 \\ \beta(i+1) = \beta(i) \end{cases}$$

成立.

注意,如果 $\mathcal{H}, \mathcal{H}'$ 都是单纯复形,那么乘积 $\mathcal{H} \boxtimes \mathcal{H}'$ 并不总是单纯复形. 但

---

① 这里超图乘积的定义是类比有向图的 Cartesian Product 给出的.

乘积的关联复形与单纯复形的笛卡尔乘积是一致的. 也就是说,当 $\mathcal{H},\mathcal{H}'$ 是单纯复形时, $\mathcal{K}_{\mathcal{H}\boxtimes\mathcal{H}'}=\mathcal{H}\times\mathcal{H}'$. 更一般的结论是

命题 5.4.1 设 $\mathcal{H},\mathcal{H}'$ 是超图,则 $\mathcal{K}_{\mathcal{H}\boxtimes\mathcal{H}'}=\mathcal{K}_{\mathcal{H}}\times\mathcal{K}_{\mathcal{H}'}$.

证明 注意 $\mathcal{H}\boxtimes\mathcal{H}'\subseteq\mathcal{K}_{\mathcal{H}}\times\mathcal{K}_{\mathcal{H}'}$. 由于 $\mathcal{K}_{\mathcal{H}}\times\mathcal{K}_{\mathcal{H}'}$ 是单纯复形,所以由关联复形的定义可知, $\mathcal{K}_{\mathcal{H}\boxtimes\mathcal{H}'}\subseteq\mathcal{K}_{\mathcal{H}}\times\mathcal{K}_{\mathcal{H}'}$.

设 $\omega\in\mathcal{K}_{\mathcal{H}}\boxtimes\mathcal{K}_{\mathcal{H}'}$,则

$$\omega=\{(v_{i_{\alpha(0)}},w_{j_{\beta(0)}}),(v_{i_{\alpha(1)}},w_{j_{\beta(1)}}),\cdots,(v_{i_{\alpha(p+q)}},w_{j_{\beta(p+q)}})\},$$

其中 $\sigma=\{v_{i_0},\cdots,v_{i_p}\}\in\mathcal{K}_{\mathcal{H}},\tau=\{w_{j_0},\cdots,w_{j_q}\}\in\mathcal{K}_{\mathcal{H}'}$. 因此,存在 $\tilde{\sigma}\in\mathcal{H},\tilde{\tau}\in\mathcal{H}'$ 使得 $\sigma\subseteq\tilde{\sigma},\tau\subseteq\tilde{\tau}$.

记 $\tilde{\sigma}=\{v_0,\cdots,v_m\},\tilde{\tau}=\{w_0,\cdots,w_n\}$,并选择 $i_0,\cdots,i_p$ 和 $j_0,\cdots,j_q$ 使其对应 $\tilde{\sigma}$ 和 $\tilde{\tau}$ 中元素的顺序,则有如下 $\tilde{\omega}\in\mathcal{H}\boxtimes\mathcal{H}'$,

$$\tilde{\omega}=\left\{\begin{array}{cccc}(v_0,w_0), & (v_1,w_0), & \cdots, & (v_{i_{\alpha(0)}},w_0), \\ (v_{i_{\alpha(0)}},w_1), & (v_{i_{\alpha(0)}},w_2), & \cdots, & (v_{i_{\alpha(0)}},w_{j_{\beta(0)}}), \\ (v_{i_{\alpha(0)}+1},w_{j_{\beta(0)}}), & (v_{i_{\alpha(0)}+2},w_{j_{\beta(0)}}), & \cdots, & (v_{i_{\alpha(1)}},w_{j_{\beta(0)}}), \\ (v_{i_{\alpha(1)}},w_{j_{\beta(0)}+1}), & (v_{i_{\alpha(1)}},w_{j_{\beta(0)}+2}), & \cdots, & (v_{i_{\alpha(1)}},w_{j_{\beta(1)}}) \\ \vdots & \vdots & \vdots & \vdots \\ (v_{i_{\alpha(p+q)}},w_{j_{\beta(p+q-1)}+1}), & (v_{i_{\alpha(p+q)}},w_{j_{\beta(p+q-1)}+2}), & \cdots, & (v_{i_{\alpha(p+q)}},w_{j\beta(p+q)}), \\ (v_{i_{\alpha(p+q)}+1},w_{j_{\beta(p+q)}}), & (v_{i_{\alpha(p+q)}+2},w_{j_{\beta(p+q)}}), & \cdots, & (v_m,w_{j_{\beta(p+q)}}) \\ (v_m,w_{j_{\beta(p+q)}+1}), & (v_m,w_{j_{\beta(p+q)}+2}), & \cdots, & (v_m,w_n)\end{array}\right\}$$

因此, $\omega\subseteq\omega'$ 且 $\omega\in\mathcal{K}_{\mathcal{H}\boxtimes\mathcal{H}'}$. 从而, $\mathcal{K}_{\mathcal{H}}\boxtimes\mathcal{K}_{\mathcal{H}'}\subseteq\mathcal{K}_{\mathcal{H}\boxtimes\mathcal{H}'}$. 所以, $\mathcal{K}_{\mathcal{H}\boxtimes\mathcal{H}'}\supseteq\mathcal{K}_{\mathcal{H}}\times\mathcal{K}_{\mathcal{H}'}=\mathcal{K}_{\mathcal{K}_{\mathcal{H}}\boxtimes\mathcal{K}_{\mathcal{H}'}}$. 命题得证.

此外,为了更好地说明超图的乘积"$\boxtimes$"与单纯复形的笛卡尔乘积"$\times$"之间的关系,给出以下示例.

例 5.4.1 设 $\mathcal{H}=\{\{v_0\},\{v_0,v_1\}\},\mathcal{H}'=\{\{w_1\},\{w_0,w_1\}\}$,则

$$\mathcal{K}_\mathcal{H} = \{\{v_0\}, \{v_1\}, \{v_0, v_1\}\}, \mathcal{K}_\mathcal{H} = \{\{w_0\}, \{w_1\}, \{w_0, w_1\}\},$$

$$\mathcal{H} \boxtimes \mathcal{H}' = \{\{(v_0, w_1)\}, \{(v_0, w_0), (v_0, w_1)\}, \{(v_0, w_1), (v_1, w_1)\},$$

$$\{(v_0, w_0), (v_1, w_0), (v_1, w_1)\}, \{(v_0, w_0), (v_0, w_1), (v_1, w_1)\}\},$$

$$\mathcal{K}_\mathcal{H} \boxtimes \mathcal{K}_\mathcal{H} = \{\{(v_0, w_0)\}, \{(v_1, w_0)\}, \{(v_0, w_1)\}, \{(v_1, w_1)\},$$

$$\{(v_0, w_0), (v_1, w_0)\}, \{(v_0, w_1), (v_1, w_1)\},$$

$$\{(v_0, w_0), (v_0, w_1)\}, \{(v_1, w_0), (v_1, w_1)\},$$

$$\{(v_0, w_0), (v_1, w_0), (v_1, w_1)\},$$

$$\{(v_0, w_0), (v_0, w_1), (v_1, w_1)\},$$

$$\mathcal{K}_\mathcal{H} \times \mathcal{K}_\mathcal{H} = \mathcal{K}_\mathcal{H} \boxtimes \mathcal{K}_\mathcal{H} \bigcup \{(v_0, w_0), (v_1, w_1)\}.$$

5.4.2　嵌入同调的 Künneth 公式

在给出嵌入同调的 Künneth 公式的证明之前, 先来证明如下链复形的拟同构.

命题 5.4.2　设 $\mathcal{H}, \mathcal{H}'$ 是超图, 则存在拟同构

$$\mathrm{Inf}_n(R(\mathcal{H})_* \otimes R(\mathcal{H}')_*, C_*(\mathcal{K}_\mathcal{H}; R) \otimes C_*(\mathcal{K}_\mathcal{H}; R)) \rightarrow$$

$$\mathrm{Inf}_n(R(\mathcal{H} \boxtimes \mathcal{H}'), C_*(\mathcal{K}_\mathcal{H} \times \mathcal{K}_\mathcal{H}); R),$$

其中, R 是主理想整环, $R(\mathcal{H})_*$ 表示由 $\mathcal{H}$ 的生成元有限生成的自由 R-模.

证明　对于链复形之间的态射

$$\nu : C_*(\mathcal{K}_\mathcal{H} \times \mathcal{K}_\mathcal{H}; R) \rightarrow C_*(\mathcal{K}_\mathcal{H}; R) \otimes C_*(\mathcal{K}_\mathcal{H}; R),$$

$$\mu : C_*(\mathcal{K}_\mathcal{H}; R) \otimes C_*(\mathcal{K}_\mathcal{H}; R) \rightarrow C_*(\mathcal{K}_\mathcal{H} \times \mathcal{K}_\mathcal{H}; R),$$

有

$$\nu \circ \mu = \mathrm{id}, \mu \circ \nu \simeq \mathrm{id}.$$

由 Eilenberg-Zilber 映射的定义可知, 对任意 $\sigma \otimes \tau \in R(\mathcal{H})_* \otimes R(\mathcal{H}')_*$, 有

$$\mu(\sigma \otimes \tau) = \sum_{\omega \in \mathcal{H} \boxtimes \mathcal{H}'} (-1)^{|\omega|} \omega \in R(\mathcal{H} \boxtimes \mathcal{H}'),$$

其中, $|\omega|$ 表示网格中位于道路 ω 下方的方块数. 因此,

$$\mu(R(\mathcal{H})_* \otimes R(\mathcal{H}')_*) \subseteq R(\mathcal{H} \boxtimes \mathcal{H}').$$

另一方面,由直接计算可得

$$\nu(R(\mathcal{H} \boxtimes \mathcal{H}')) \subseteq R(\mathcal{H})_* \otimes R(\mathcal{H}')_*.$$

所以,

$$\mu(\mathrm{Inf}_n(R(\mathcal{H})_* \otimes R(\mathcal{H}')_*, C_*(\mathcal{K}_\mathcal{H}; R) \otimes C_*(\mathcal{K}_\mathcal{H}; R))) \subseteq$$
$$\mathrm{Inf}_n(R(\mathcal{H} \boxtimes \mathcal{H}')_*, C_*(\mathcal{K}_\mathcal{H} \times \mathcal{K}_\mathcal{H}; R))$$

且

$$\nu(\mathrm{Inf}_n(R(\mathcal{H} \boxtimes \mathcal{H}')_*, C_*(\mathcal{K}_\mathcal{H} \times \mathcal{K}_\mathcal{H}; R))) \subseteq \mathrm{Inf}_n(R(\mathcal{H})_* \otimes R(\mathcal{H}')_*,$$
$$C_*(\mathcal{K}_\mathcal{H}; R) \otimes C_*(\mathcal{K}_\mathcal{H}; R)).$$

另外,

$$\nu \circ \mu \big|_{\mathrm{Inf}_n(R(\mathcal{H})_* \otimes R(\mathcal{H}')_*, C_*(\mathcal{K}_\mathcal{H}; R) \otimes C_*(\mathcal{K}_{\mathcal{H}'}; R))} = \mathrm{id}.$$

因此,$(\nu \big|_{\mathrm{Inf}_n(R(\mathcal{H} \boxtimes \mathcal{H}')_*, C_*(\mathcal{K}_\mathcal{H} \times \mathcal{K}_{\mathcal{H}'}; R))})_* (\mu \big|_{\mathrm{Inf}_n(R(\mathcal{H})_* \otimes R(\mathcal{H}')_*, C_*(\mathcal{K}_\mathcal{H}; R) \otimes C_*(\mathcal{K}_{\mathcal{H}'}; R))})_* = \mathrm{id}$,
$(\nu \big|_{\mathrm{Inf}_n(R(\mathcal{H} \boxtimes \mathcal{H}')_*, C_*(\mathcal{K}_\mathcal{H} \times \mathcal{K}_{\mathcal{H}'}; R))})_*$ 是满的.

因而,只需进一步证明 $(\nu \big|_{\mathrm{Inf}_n(R(\mathcal{H} \boxtimes \mathcal{H}')_*, C_*(\mathcal{K}_\mathcal{H} \times \mathcal{K}_{\mathcal{H}'}; R))})_*$ 也是单的即可. 即证明若

$$\omega \in \mathrm{Inf}_n(R(\mathcal{H} \boxtimes \mathcal{H}')_*, C_*(\mathcal{K}_\mathcal{H} \times \mathcal{K}_\mathcal{H}; R))$$

是一个闭链且 $(\nu \big|_{\mathrm{Inf}_n(R(\mathcal{H} \boxtimes \mathcal{H}')_*, C_*(\mathcal{K}_\mathcal{H} \times \mathcal{K}_{\mathcal{H}'}; R))})_*(\omega)$ 是 $\mathrm{Inf}_n(R(\mathcal{H})_* \otimes R(\mathcal{H}')_*,$
$C_*(\mathcal{K}_\mathcal{H}; R) \otimes C_*(\mathcal{K}_\mathcal{H}; R))$ 中的边缘链,则 ω 也是 $\mathrm{Inf}_n(R(\mathcal{H} \boxtimes \mathcal{H}')_*,$
$C_*(\mathcal{K}_\mathcal{H} \times \mathcal{K}_\mathcal{H}; R))$ 中的边缘链.

由于 $\nu(\omega)$ 是 $C_*(\mathcal{K}_\mathcal{H}; R) \otimes C_*(\mathcal{K}_\mathcal{H}; R)$ 的边缘且存在拟同构

$$C_*(\mathcal{K}_\mathcal{H} \times \mathcal{K}_\mathcal{H}; R) \to C_*(\mathcal{K}_\mathcal{H}; R) \otimes C_*(\mathcal{K}_\mathcal{H}; R),$$

所以,ω 是 $C_*(\mathcal{K}_\mathcal{H} \times \mathcal{K}_\mathcal{H}; R)$ 的边缘. 因此,为了证明 $(\nu \big|_{\mathrm{Inf}_n(R(\mathcal{H} \boxtimes \mathcal{H}')_*, C_*(\mathcal{K}_\mathcal{H} \times \mathcal{K}_{\mathcal{H}'}; R))})_*$
是单的,只需要证明 ω 是 $R(\mathcal{H} \boxtimes \mathcal{H}')_*$ 的边缘链. 根据闭链 ω 的形式,将证明分
为以下几种情形.

情形 1　$\omega = \{(v_{\alpha(0)}, w_{\beta(0)}), (v_{\alpha(1)}, w_{\beta(1)}), \cdots, (v_{\alpha(p+q)}, w_{\beta(p+q)})\}$,其中 $\sigma =$

$\{v_0,\cdots,v_p\} \in \mathcal{H}, \tau = \{w_0,\cdots,w_q\} \in \mathcal{H}', p+q=n$ 且 $p=0$ 或 $q=0$. 不失一般性,令 $p \geqslant 0, q=0, \omega = \{(v_0,w_0), (v_1,w_0),\cdots,(v_p,w_0)\} \in \mathcal{H} \boxtimes \mathcal{H}'$. 则 $\nu(\omega) = \{v_0,v_1,\cdots,v_p\} \otimes \{w_0\}$. 由于 $\nu(\omega)$ 是 $R(\mathcal{H})_* \otimes R(\mathcal{H}')_*$ 的边缘,所以 $\{v_0,v_1,\cdots,v_p\}$ 是 $R(\mathcal{H})_*$ 的边缘. 从而,ω 是 $R(\mathcal{H} \boxtimes \mathcal{H}')_*$ 的边缘.

情形 2 $\omega = \{(v_{\alpha(0)},w_{\beta(0)}), (v_{\alpha(1)},w_{\beta(1)}),\cdots,(v_{\alpha(p+q)},w_{\beta(p+q)})\}$,其中 $\sigma = \{v_0,\cdots,v_p\} \in \mathcal{H}, \tau = \{w_0,\cdots,w_q\} \in \mathcal{H}', p+q=n$ 且 $p,q \geqslant 1$. 作为 $C_*(\mathcal{K}_\mathcal{H} \times \mathcal{K}_\mathcal{H};R)$ 的边缘,ω 是由 $\partial\widetilde{\omega}$ 所生成的,其中

$$\widetilde{\omega} \in C_{n+1}(\mathcal{K}_\mathcal{H} \times \mathcal{K}_\mathcal{H};R).$$

根据命题 5.4.1 的证明,我们考虑以下两种情况.

情形 2.1 $\widetilde{\omega} \in \mathcal{K}_\mathcal{H} \boxtimes \mathcal{K}_\mathcal{H}, \widetilde{\omega} = \{(v_{\alpha(0)},w_{\beta(0)}), (v_{\alpha(1)},w_{\beta(1)}),\cdots,(v_{\alpha(l+m)}, w_{\beta(l+m)})\}$,其中 $\widetilde{\sigma} = \{v_0,\cdots,v_l\} \in \mathcal{K}_\mathcal{H}, \widetilde{\tau} = \{w_0,\cdots,w_m\} \in \mathcal{K}_\mathcal{H}, l+m=n+1$. $l,m \geqslant 1$. 由于 $\partial\widetilde{\omega} \in R(\mathcal{H} \boxtimes \mathcal{H}')_*$,则 $\partial\widetilde{\omega}$ 中的每一项都有如下形式:

$$\{(v_{\alpha(0)},w_{\beta(0)}),\cdots,(\widehat{v_{\alpha(i)},w_{\beta(i)}}),\cdots,(v_{\alpha(l+m)},w_{\beta(l+m)})\} \in \mathcal{H} \boxtimes \mathcal{H}'.$$

又由于 $l,m \geqslant 1$,所以由鸽巢原理知,$\widetilde{\sigma} \in \mathcal{H}, \widetilde{\tau} \in \widetilde{\mathcal{H}}$. 从而,$\widetilde{\omega} \in R(\mathcal{H} \boxtimes \mathcal{H}')_{n+1}$. 因此,$\omega$ 是 $R(\mathcal{H} \boxtimes \mathcal{H}')_*$ 的边缘.

情形 2.2 $\widetilde{\omega} \in \mathcal{K}_\mathcal{H} \times \mathcal{K}_\mathcal{H}$ 且 $\widetilde{\omega} \notin \mathcal{K}_\mathcal{H} \boxtimes \mathcal{K}_\mathcal{H}$. 则 $\widetilde{\omega}$ 一定可以写成以下形式

$$\widetilde{\omega} = \{(v_0,w_0),\cdots,(v_i,w_i), (v_{i+1},w_{i+1}),\cdots,(v_{n+1},w_{n+1})\}$$

满足对某个 $(v_0,w_0) 0 \leqslant i \leqslant n, v_{i+1} \neq v_i, w_{i+1} \neq w_i$,则以下形式,

$$\{(\widehat{v_0,w_0}),\cdots,(v_i,w_i), (v_{i+1},w_{i+1}),\cdots,(v_{n+1},w_{n+1})\} \text{ 及 } \{(v_0,w_0),\cdots,$$

$(v_i,w_i), (v_{i+1},w_{i+1}),\cdots,(\widehat{v_{n+1},w_{n+1}})\}$ 至少有一个不属于 $\mathcal{K}_\mathcal{H} \boxtimes \mathcal{K}_\mathcal{H}$. 因此,$\partial\widetilde{\omega} \notin R(\mathcal{K}_\mathcal{H} \boxtimes \mathcal{K}_\mathcal{H})_*$. 自然地,$\partial\widetilde{\omega} \notin R(\mathcal{H} \boxtimes \mathcal{H}')$. 这与

$$\omega \in \mathrm{Inf}_n(R(\mathcal{H} \boxtimes \mathcal{H}')_*, C_*(\mathcal{K}_\mathcal{H} \times \mathcal{K}_\mathcal{H};R))$$

相矛盾.

综合情形 2.1 和情形 2.2,得到如果对每个 $\widetilde{\omega} \in \mathcal{K}_\mathcal{H} \times \mathcal{K}_\mathcal{H}$,有 $\partial\widetilde{\omega} \in \mathrm{Inf}_n(R(\mathcal{H} \boxtimes \mathcal{H}')_*, C_*(\mathcal{K}_\mathcal{H} \times \mathcal{K}_\mathcal{H};R))$ 是一个闭链,则 $\widetilde{\omega} \in R(\mathcal{H} \boxtimes \mathcal{H}')_*$. 因

此，$\partial\tilde{\omega}$ 也是 $\mathrm{Inf}_n(R(\mathcal{H} \boxtimes \mathcal{H}')_*, C_*(\mathcal{K}_{\mathcal{H}} \times \mathcal{K}_{\mathcal{H}'}; R))$ 的边缘.

由情形 1 和情形 2 可知，$(\nu\big|_{\mathrm{Inf}_n(R(\mathcal{H}\boxtimes\mathcal{H}')_*, C_*(K_{\mathcal{H}}\times K_{\mathcal{H}'}; R))})_*$ 是单的. 因此，命题得证.

另外，由文献[49]知，有如下定理.

定理 5.4.1（代数 Künneth 公式）[49,定理3B.5]　设 R 为主理想环，C_*, C_*' 是自由 R-模的链复形. 则存在自然的正合序列

$$0 \to \bigoplus_{p+q=n} H_p(C_*) \otimes H_q(C_*') \to H_n(C_* \otimes C_*') \to$$

$$\bigoplus_{p+q=n} \mathrm{Tor}(H_p(C_*), H_{q-1}(C_*')) \to 0.$$

最后，给出本章的主要定理——嵌入同调的 Künneth 公式.

定理 5.4.2　设 R 为主理想整环. 设 $\mathcal{H}, \mathcal{H}'$ 是两个超图. 则存在短正合序列

$$0 \to (H_*(\mathcal{H}) \otimes_R H_*(\mathcal{H}'))_n \to H_n(\mathrm{Inf}_*(R(\mathcal{H}) \otimes R(\mathcal{H}'))) \to$$

$$\oplus_i \mathrm{Tor}_R(H_i(\mathcal{H}), H_{n-i-1}(\mathcal{H}')) \to 0$$

且该序列是可裂的.

证明　根据定理 5.4.1，得短正合序列

$$0 \to (H_*(\mathrm{Inf}_*(D, C)) \otimes_R H_*(\mathrm{Inf}_*(D', C')))_n \to$$

$$H_n(\mathrm{Inf}_*(D, C) \otimes_R \mathrm{Inf}_*(D', C')) \to$$

$$\oplus_i \mathrm{Tor}_R(H_i(\mathrm{Inf}_*(D, C)), H_{n-i-1}(\mathrm{Inf}_*(D', C'))) \to 0$$

且该序列可裂. 由命题 5.3.1 知，

$$H_n(\mathrm{Inf}_*(R(\mathcal{H}) \otimes R(\mathcal{H}'))) = H_n(\mathrm{Inf}_*(R(\mathcal{H})) \otimes \mathrm{Inf}_*(R(\mathcal{H}'))).$$

再由命题 5.4.2，得

$$H_n(\mathrm{Inf}_*(R(\mathcal{H} \boxtimes \mathcal{H}')_*, C_*(\mathcal{K}_{\mathcal{H}} \times \mathcal{K}_{\mathcal{H}'}; R))) = H_n(\mathrm{Inf}_*(R(\mathcal{H})) \otimes$$

$$\mathrm{Inf}_*(R(\mathcal{H}'))).$$

另外，由命题 5.4.1，有 $\mathcal{K}_{\mathcal{H} \boxtimes \mathcal{H}'} = \mathcal{K}_{\mathcal{H}} \times \mathcal{K}_{\mathcal{H}'}$. 因此，$H(\mathrm{Inf}_*(\mathcal{H}) \otimes \mathrm{Inf}_*(\mathcal{H}')) \cong H(\mathcal{H} \boxtimes \mathcal{H}')$. 定理得证.

设 R 是域 $\mathbb{F}$. 由定理 5.4.2 得以下推论.

推论 5.4.1　设 $\mathbb{F}$ 是域，$\mathcal{H}, \mathcal{H}'$ 是两个超图，则

$$H_*(\mathcal{H} \boxtimes \mathcal{H}'; \mathbb{F}) \cong H_*(\mathcal{H}; \mathbb{F}) \otimes_{\mathbb{F}} H_*(\mathcal{H}'; \mathbb{F}).$$

第 6 章　一般有向图的离散 Morse 理论[47]

　　单纯复形或胞腔复形的离散 Morse 理论既可以大大减少单形数和胞腔数,简化同调群的计算,也可以应用于拓扑数据分析[45-46]. 本章中,在研究有向图道路同调相关理论成果的基础上,我们利用拟同构借助有向图传递闭包链复形在子链上的限制证明了一般有向图上的离散 Morse 理论,给出了有向图上非负实函数可以延拓为其传递闭包上的离散 Morse 函数的充要条件.

　　设 G 为有向图. 对任何顶点 $v \in V(G)$,以 v 为起点的有向边数称为 v 的出度,而以 v 为终点的有向边数称为 v 的入度. 入度和出度之和称为 v 的度,用 $D(v)$ 表示. 设 $f: V(G) \to [0, +\infty)$ 是 G 上的离散 Morse 函数. 考虑以下条件:

　　(*)对 G 的每一个顶点 v,在所有以 v 为起点或终点的可许基本道路中最多存在一个 f 的零点.

　　在定理 6.2.1 中,我们证明了 f 可延拓为传递闭包 $\overline{G}$ 上的离散 Morse 函数 $\overline{f}$,使得对任意顶点 $v \in V(G)$ 都有 $\overline{f}(v) = f(v)$ 成立,当且仅当 f 满足条件(*).

　　对任意 $n \geqslant 0$,定义 R-线性映射 $\text{grad } f: P_n(G) \to P_{n+1}(G)$. 对 G 上任意可许基本 n-道路,如果存在 G 上可许基本 $(n+1)$-道路 γ,使得 $\gamma > \alpha$ 且 $f(\gamma) = f(\alpha)$,则令

$$(\text{grad } f)(\alpha) = -\langle \partial \gamma, \alpha \rangle \gamma.$$

否则,$(\text{grad } f)(\alpha) = 0$. 称 $\text{grad } f$ 为 f 的(代数)离散梯度向量场,记作 V_f. 这里 $\langle , \rangle$ 表示 $\Lambda_n(V)$ 中的内积(所有 n-道路在内积下是正交的).

设 $\overline{V}=\operatorname{grad}\overline{f}$ 是 $\overline{G}$ 上的离散梯度向量场. 由文献[34,定义 6.2]知,定义 $\overline{G}$ 的离散梯度流

$$\overline{\Phi}=\operatorname{id}+\partial\overline{V}+\overline{V}\partial$$

为 R-线性映射

$$\overline{\Phi}:P_n(\overline{G})\to P_n(\overline{G}),n\geqslant 0.$$

记 $\overline{\Phi}$ 的稳定映射为 $\overline{\Phi}^{\infty}$. 记 $\operatorname{Crit}_n(G)$ 是由 G 上所有临界 n-道路的形式线性组合生成的自由 R-模. 假设 $\Omega_*(G)$ 是 $\overline{V}$-不变的,即 $\overline{V}(\Omega_*(G))\subseteq\Omega_*(G)$. 在定理 6.3.3 中,我们证明了

$$H_m(G)\cong H_m(\{\Omega_n(G)\bigcap\overline{\Phi}^{\infty}(\operatorname{Crit}_n(\overline{G})),\partial_n\}_{n\geqslant 0}),m\geqslant 0.$$

最后,在定理 6.4.1 中,证明了条件(*)不是很苛刻. 事实上,可以在相当多的有向图上定义满足条件(*)的离散 Morse 函数,进而利用定理 6.3.3 简化有向图道路同调群的计算并辅以例子加以说明.

6.1　定义和性质

定义 6.1.1　映射 $f:V(G)\to[0,+\infty)$ 称为 G 上的离散 Morse 函数,如果对 G 上任意可许基本路 $\alpha=v_0v_1\cdots v_n$ 以下条件均成立:

(i) $\#\left\{\gamma^{(n+1)}>\alpha^{(n)}\mid f(\gamma)=f(\alpha)\right\}\leqslant 1$;

(ii) $\#\left\{\beta^{(n-1)}<\alpha^{(n)}\mid f(\beta)=f(\alpha)\right\}\leqslant 1$.

其中, $f(\alpha)=f(v_0v_1\cdots v_n)=\displaystyle\sum_{i=0}^{n}f(v_i)$.

当(i)和(ii)中的不等式严格成立时,则称 α 是临界的.

引理 6.1.1　设 G 是有向图, f 是 G 上的离散 Morse 函数. 则 G 中任意一条可许基本路

$$\alpha=v_0v_1\cdots v_n$$

都至多只有一个指标使其所对应的点为零点.

证明 反证法.假设 $f(v_i) = f(v_j) = 0$ 且 $i \neq j$. 不失一般性,$i < j$. 设 $\alpha' = v_i \cdots v_j, \beta_1 = v_i \cdots v_{j-1}, \beta_2 = v_{i+1} \cdots v_j$. 由于 $\alpha \in P_n(G)$,所以 $v_i \neq v_{i+1}, \beta_1 \neq \beta_2$. 从而 $f(\alpha') = f(\beta_1) = f(\beta_2)$ 与定义 6.1.1(ⅱ)相矛盾. 故引理得证.

有向图 G 上的有向圈是指起点和终点重合的可许基本路 $v_0 v_1 \cdots v_n v_0$,其中 $n \geqslant 1$[①].

引理 6.1.2 设 G 是有向图,f 是 G 上的离散 Morse 函数.设 $\alpha = v_0 v_1 \cdots v_n v_0$ 是 G 上的有向圈,则对任意 $0 \leqslant i \leqslant n$,有 $f(v_i) > 0$. 即有向圈上没有零点.

证明 反证法.设存在某个顶点 v_i 使 $f(v_i) = 0$. 设 $\alpha' = v_i v_{i+1} \cdots v_n v_0 \cdots v_{i-1} v_i$,$\beta_1 = v_i v_{i+1} \cdots v_n v_0 \cdots v_{i-1}$ 和 $\beta_2 = v_{i+1} \cdots v_n v_0 \cdots v_{i-1} v_i$(当 $i = 0$ 时,令 $v_{i-1} = v_n$;当 $i = n$ 时,令 $v_{n+1} = v_0$.),则 $f(\alpha') = f(\beta_1) = f(\beta_2)$. 这与定义 6.1.1(ⅱ)相矛盾. 因此,引理得证.

定义 6.1.2 映射 $f: V(G) \rightarrow [0, +\infty)$ 称为 G 上的 Witten-Morse 函数,如果对 G 上任意可许基本路 α,以下条件均成立:

(ⅰ) $f(\alpha) < \text{average}\{f(\gamma_1), f(\gamma_2)\}$,其中 $\gamma_1 > \alpha, \gamma_2 > \alpha, \gamma_1 \neq \gamma_2$;

(ⅱ) $f(\alpha) > \text{average}\{f(\beta_1), f(\beta_2)\}$,其中 $\beta_1 < \alpha, \beta_2 < \alpha, \beta_1 \neq \beta_2$.

注意:每个 Witten-Morse 函数都是离散 Morse 函数.

定义 6.1.3 Witten-Morse 函数称为平坦的,如果对 G 上任意可许基本路 α,以下条件均成立:

(ⅰ) $f(\alpha) \leqslant \min\{f(\gamma_1), f(\gamma_2)\}$,其中 $\gamma_1 > \alpha, \gamma_2 > \alpha, \gamma_1 \neq \gamma_2$;

(ⅱ) $f(\alpha) \geqslant \max\{f(\beta_1), f(\beta_2)\}$,其中 $\beta_1 < \alpha, \beta_2 < \alpha, \beta_1 \neq \beta_2$.

由文献[37,Fig. 1]可知,CW 复形上的 Morse 函数不一定是 Witten-Morse 函数,而所有的 Witten-Morse 函数不一定都是平坦的. 然而,对于有向图却有

[①] 在文献[10,定义 4.3]中,有向图 G 上的圈被定义为从线有向图到 G 的保基点映射,满足起点和结点相同. 这里的有向圈与文献[11]中的圈不同. 有向圈是一种特殊的圈;反之,不一定成立.

如下结论成立.

命题 6.1.1[71,定理1]　设 $f: V(G) \rightarrow [0, +\infty)$ 是有向图 G 上的离散 Morse 函数,则 f 一定是平坦的 Witten-Morse 函数.

证明　设 α 为 G 上任意一条可许基本路.考虑以下情形.

情形 1　α 是临界的.则对任意可许基本路 $\gamma > \alpha > \beta$ 有 $f(\alpha) < f(\gamma)$, $f(\alpha) > f(\beta)$. 因此,对任意 $\gamma_1 > \alpha, \gamma_2 > \alpha$ 有 $f(\alpha) < \min\{f(\gamma_1), f(\gamma_2)\}$ 且对任 $\beta_1 < \alpha, \beta_2 < \alpha$, 有 $f(\alpha) > \max\{f(\beta_1), f(\beta_2)\}$ 成立.

情形 2　α 是非临界的.

子情形 2.1　假设存在 G 上的可许基本路 β, 使得 $\beta < \alpha$ 且 $f(\beta) = f(\alpha)$ 成立.则由定义 6.1.1 可知, β 是唯一的.设 β_1, β_2 是 G 上的两条可许基本路,满足 $\beta_1 < \alpha, \beta_2 < \alpha, \beta_1 \neq \beta_2$. 则

$$\begin{cases} f(\beta_1) < f(\alpha), \ f(\beta_2) < f(\alpha), & \beta_1 \neq \beta, \beta_2 \neq \beta; \\ f(\beta_1) = f(\alpha), \ f(\beta_2) < f(\alpha), & \beta_1 = \beta, \beta_2 < \beta; \\ f(\beta_1) < f(\alpha), \ f(\beta_2) = f(\alpha), & \beta_1 < \beta, \beta_2 = \beta. \end{cases}$$

因此, $f(\alpha) \geqslant \max\{f(\beta_1), f(\beta_2)\}$.

另外,对任意可许基本路 γ_1, γ_2, 其中, $\gamma_1 > \alpha, \gamma_2 > \alpha, \gamma_1 \neq \gamma_2$, 有 $f(\gamma_1) > f(\alpha)$ 且 $f(\gamma_2) > f(\alpha)$. 因此,

$$f(\alpha) < \min\{f(\gamma_1), f(\gamma_2)\}.$$

子情形 2.2　假设不存在 G 上的可许基本路 β 使得 $\beta < \alpha$ 且 $f(\beta) = f(\alpha)$ 成立.则存在唯一的可许基本路 γ 使得 $\gamma > \alpha$ 且 $f(\gamma) = f(\alpha)$ 成立.从而,对任意 G 上可许基本路 γ_1, γ_2, 其中 $\gamma_1 > \alpha, \gamma_2 > \alpha, \gamma_1 \neq \gamma_2$, 有

$$\begin{cases} f(\gamma_1) > f(\alpha), \ f(\gamma_2) > f(\alpha), & \gamma_1 \neq \gamma, \gamma_2 \neq \gamma; \\ f(\gamma_1) = f(\gamma), \ f(\gamma_2) < f(\gamma), & \gamma_1 = \gamma, \gamma_2 < \gamma; \\ f(\beta_1) < f(\gamma), \ f(\beta_2) = f(\lambda), & \gamma_1 < \gamma, \gamma_2 = \gamma. \end{cases}$$

因此, $f(\alpha) < \min\{f(\gamma_1), f(\gamma_2)\}$. 同时,对任意的 $\beta_1 < \alpha, \beta_2 < \alpha, \beta_1 \neq$

β_2，有

$$f(\beta_1) < f(\alpha), \ f(\beta_2) < f(\alpha).$$

所以，$f(\alpha) > \max\{f(\beta_1), f(\beta_2)\}$.

综合情形 1 和情形 2，命题得证.

定义 6.1.4　设 G 是有向图，$f:V(G) \to [0, +\infty)$ 是 G 上的离散 Morse 函数. 我们称所有满足 $f(v)=0$ 的顶点 $v \in V(G)$ 所构成的集合为 f 的零点集. 记为 $S(f)$.

定义 6.1.5[37]　设 f,g 是 G 上的离散 Morse 函数. 我们称 f,g 是等价的，如果对任意的可许基本路 $\alpha < \gamma$，有

$$f(\alpha) < f(\gamma) \Leftrightarrow g(\alpha) < g(\gamma)$$

成立.

命题 6.1.2[71,引理3]　设 f,g 是 G 上的离散 Morse 函数，满足 $S(f) = S(g)$. 则 f,g 是等价的.

证明　设 α, γ 是 G 上的任意两条可许基本路，满足 $\alpha < \gamma$ 且 $f(\alpha) < f(\gamma)$. 我们断言一定会有 $g(\alpha) < g(\gamma)$ 成立. 接下来，用反证法给出证明. 假设 $g(\alpha) = g(\gamma)$. 则由引理 6.1.1 可得，γ 上存在唯一的顶点 v 使得 $g(v)=0$，且 v 不是 α 的顶点（把 α, γ 都看作 G 的子图）.

由于 $S(f)=S(g)$，所以 $f(v)=0$，从而 $f(\alpha)=f(\gamma)$. 这与 $f(\alpha) < f(\gamma)$ 矛盾. 因此，$f(\alpha) < f(\gamma) \Rightarrow g(\alpha) < g(\gamma)$. 类似地，有 $g(\alpha) < g(\gamma) \Rightarrow f(\alpha) < f(\gamma)$.

命题得证.

6.2　有向图上离散 Morse 函数的扩张

定义 6.2.1[63,章节2.3]　有向图 G 称为传递的，如果 $u \to v$ 和 $v \to w$ 是 G 的有

向边,则 $u \to w$ 一定也是 G 的有向边.

注 6.2.1　有向图 G 是传递的当且仅当 $P(G)$ 是完备的[4,定义3.4].

直接验证可得.

引理 6.2.1[63,章节2.3]　对任意有向图 G,存在有向图 $\overline{G}$,使得

（ⅰ）G 的每条有向边都是 $\overline{G}$ 的有向边;

（ⅱ）$\overline{G}$ 是传递的;

（ⅲ）$\overline{G}$ 包含于任意一个满足条件（ⅰ）和条件（ⅱ）的有向图 G'.

我们称 $\overline{G}$ 为 G 的传递闭包.因此,有向图 G 是传递的当且仅当 $\overline{G}=G$.

注 6.2.2　对任意 $E(\overline{G})\backslash E(G)$ 中的有向边 $u \to v$,存在 $V(G)$ 中的一列点 $w_1 \cdots w_k (k \geqslant 1)$,使得 $uw_1 \cdots w_k v$ 是 G 上的一条可许基本路.以下列有向图为例进行说明.

$$E(\overline{G})\backslash E(G) = \{v_0 \to v_2, v_0 \to v_3, v_0 \to v_4, v_1 \to v_3, v_1 \to v_4, v_2 \to v_4\},$$

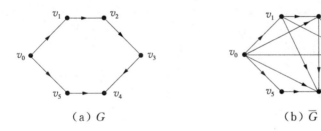

（a）G　　　　　　　　　　（b）$\overline{G}$

图 6.1　注 6.2.2

其中,每一条边都可以在 G 上找到与之相对应的可许基本路.具体来说,

$$v_0 \to v_2 \in E(\overline{G})\backslash E(G) \text{ 对应 } v_0 v_1 v_2 \in P(G);$$

$$v_0 \to v_3 \in E(\overline{G})\backslash E(G) \text{ 对应 } v_0 v_1 v_2 v_3 \in P(G);$$

$$v_0 \to v_4 \in E(\overline{G})\backslash E(G) \text{ 对应 } v_0 v_1 v_2 v_3 v_4 \in P(G);$$

$$v_1 \to v_3 \in E(\overline{G})\backslash E(G) \text{ 对应 } v_1 v_2 v_3 \in P(G);$$

$$v_1 \to v_4 \in E(\overline{G})\backslash E(G) \text{ 对应 } v_1 v_2 v_3 v_4 \in P(G);$$

$$v_2 \to v_4 \in E(\overline{G})\backslash E(G) \text{ 对应 } v_2 v_3 v_4 \in P(G).$$

而且,对 G 上任意一条可许基本路 $\alpha = v_0 v_1 \cdots v_n \in P(G)$,有 $v_i \to v_j$ $(0 \leqslant i < j \leqslant n)$ 都是 $E(\overline{G})$ 中的有向边.

需要说明的是,有向图 G 上的离散 Morse 函数 f 不一定能延拓为其传递闭包 $\overline{G}$ 上的离散 Morse 函数.

例 6.2.1   设有向图 G 的顶点集为 $V(G) = \{v_0, v_1, v_2, v_3\}$,有向边集合为
$$E(G) = \{v_0 \to v_3, v_1 \to v_2, v_2 \to v_3\}.$$
则
$$P(G) = \{v_0, v_1, v_2, v_3, v_0 v_3, v_1 v_2, v_2 v_3, v_1 v_2 v_3\}.$$

G 的传递闭包为有向图 $\overline{G}$,其顶点集 $V(\overline{G}) = V(G)$,有向边集合为
$$E(\overline{G}) = E(G) \bigcup \{v_1 \to v_3\}.$$

设 f 是定义在 $V(G)$ 上的函数,$f(v_1) = f(v_0) = 0$,$f(v_2) > 0$,$f(v_3) > 0$. 则由定义 6.1.1 知,

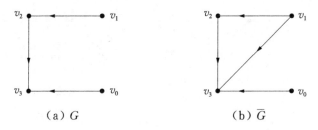

图 6.2   例 6.2.1

f 是 G 上的离散 Morse 函数. 因为 $f(v_3) = f(v_0 v_3) = f(v_1 v_3)$,所以 f 不能看作 $\overline{G}$ 上的离散 Morse 函数. 因此,$\overline{G}$ 上不存在离散 Morse 函数 $\overline{f}$ 使其在 G 上的限制恰是 f.

为了给出 G 上 Morse 函数可扩张到其传递闭包的条件,首先在下列引理中研究了传递有向图上的离散 Morse 函数的性质.

引理 6.2.2   设 G 是一个传递有向图,$f: V(G) \to [0, +\infty)$ 是 G 上的离散 Morse 函数. 则对于任意度大于等于 2 的顶点 v 来说,所有以 v 为起点或终点的有向边上不同于 v 的顶点 w 中至多只有一个零点.

证明 反证法. 分 3 种情况进行讨论.

情形 1 存在 $w_1, w_2 \in V(G)$, 使得 $f(w_1) = f(w_2) = 0$, 且

$$v \to w_1, w_2 \to v \in E(G).$$

情形 2 存在 $w_1, w_2 \in V(G)$, 使得 $f(w_1) = f(w_2) = 0$, 且

$$w_1 \to v, w_2 \to v \in E(G).$$

情形 3 存在 $w_1, w_2 \in V(G)$, 使得 $f(w_1) = f(w_2) = 0$, 且

$$v \to w_1, v \to w_2 \in E(G).$$

以情形 1 为例进行证明. 设 $\alpha = v, \gamma_1 = vw_1$ 和 $\gamma_2 = w_2 v$. 则 $f(\alpha) = f(\gamma_1) = f(\gamma_2)$ 且 $\gamma_1 > \alpha, \gamma_2 > \alpha$. 这与 f 是 G 上的离散 Morse 函数相矛盾.

引理得证.

接下来, 在下列定理中, 给出了有向图上的离散 Morse 函数推广到其传递闭包的一个充要条件.

定理 6.2.1 设 G 是有向图, $f: V(G) \to [0, +\infty)$ 是 G 上的离散 Morse 函数. 则 f 可以延拓为 $\overline{G}$ 上的离散 Morse 函数 $\overline{f}$, 使得对任意 $v \in V(G)$ 有 $\overline{f}(v) = f(v)$ 成立, 当且仅当 f 满足条件 $(*)$.

证明 假设 G 上的离散 Morse 函数 f 可以延拓为 $\overline{G}$ 上的离散 Morse 函数, v 是 G 上任意给定的顶点. 设 $\alpha = v_0 \cdots v_n$ 是 G 上的一条可许基本路, 满足 $v_0 = v$ 或 $v_n = v$. 由引理 6.2.1 可知, 对每一个 $v_k \neq v(0 \leqslant k \leqslant n)$, $v \to v_k$ 或 $v_k \to v$ 是 $\overline{G}$ 中的有向边. 因此, 由引理 6.1.1 和引理 6.2.2 得, f 满足条件 $(*)$.

另一方面, 假设 f 满足条件 $(*)$. 令 $\alpha = v_0 \cdots v_n$ 是 $\overline{G}$ 上的一条可许基本路. 首先, 我们断言至多存在一个指标 $i(0 \leqslant i \leqslant n)$, 使得 $f(v_i) = 0$ 且 $d_i(\alpha)$ 是 $\overline{G}$ 上的 $(n-1)$-道路.

情形 1 若 $\alpha \in P(G)$, 则由引理 6.1.1 推断得证.

情形 2 若 $\alpha \notin P(G)$, 则一定存在某个 $0 \leqslant i \leqslant n-1$, 使得 $v_i v_{i+1} \in E(\overline{G}) \backslash E(G)$. 由注 6.2.2 可知, 存在 G 的可许基本路 $\alpha' = v_0 \cdots v_i w_1 \cdots w_k v_{i+1} \cdots v_n$, 其中, $k \geqslant 1$ 且 $w_1, \cdots, w_k \in V(G)$. 因此, 由引理 6.1.1 推断得证.

在 $\overline{G}$ 上至多存在一条可许基本 $(n+1)$-道路

$$\alpha' = v_0 \cdots v_j u v_{j+1} \cdots v_n,$$

其中，$f(u)=0, u \in V(G)$. 若不然，则有以下两种情形. 我们接上边序号，依次记为情形 3 和情形 4.

情形 3 $\overline{G}$ 上存在另一条可许基本 $(n+1)$-道路 $\alpha'' = v_0 \cdots v_i w v_{i+1} \cdots v_n$，其中，$f(w)=0$ 且 $i \neq j$. 不妨设 $j > i$. 则由注 6.2.2 可知，存在 G 上以 w 为起点、以 u 为终点的可许基本路. 这与引理 6.1.1 矛盾.

情形 4 $\alpha'' = v_0 \cdots v_i w v_{i+1} \cdots v_n$ 是 $\overline{G}$ 上的一条可许基本 $(n+1)$-道路，其中，$f(w)=0$ 且 $i=j$. 则 $u \neq w$. 因此，由注 6.2.2 可知，在 G 上存在以 v_i 为起点，分别以 u, w 为终点，或者分别以 u, w 为起点，以 v_{i+1} 为终点的两条可许基本路. 这与条件($*$)矛盾.

综合以上情形 1 至情形 4，f 可以延拓为 $\overline{G}$ 上的离散 Morse 函数.

因此，定理得证.

6.3 拟同构，有向图的离散 Morse 理论

设 f 是有向图 G 上的离散 Morse 函数，$\overline{f}$ 是 f 在其传递闭包 $\overline{G}$ 上的延拓. 记 $V_f = \mathrm{grad}\, f$ 和 $\overline{V} = \mathrm{grad}\, \overline{f}$ 分别为 G 和 $\overline{G}$ 上的离散梯度向量场. 一般来说，$\overline{V}\big|_{P(G)} \neq V_f$.

例 6.3.1 设有向图 G 的顶点集和有向边集合分别为：$V(G) = \{v_0, v_1, v_2, v_3\}$，$E(G) = \{v_0 \to v_1, v_1 \to v_2, v_2 \to v_3, v_0 \to v_3\}$. 从而 G 的传递闭包是有向图 $\overline{G}$，其中，$V(\overline{G}) = V(G)$ 且

$$E(G) = E(G) \bigcup \{v_0 \to v_2, v_1 \to v_3\}.$$

设 f 是定义在 $V(G)$ 上的函数，满足 $f(v_2)=0, f(v_0) > 0, f(v_1) > 0, f(v_3) > 0.$

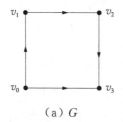　　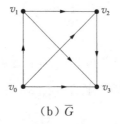

$$（\text{a}）G \qquad\qquad （\text{b}）\overline{G}$$

图 6.3　例 6.3.1

易证，f 是 G 上满足条件（＊）的离散 Morse 函数. 由定理 6.2.1 可知，f 可以延拓为 $\overline{G}$ 上的离散 Morse 函数 $\overline{f}$，使得对任意 $v \in V(G)$ 有 $\overline{f}(v)=f(v)$ 成立.

设 $\alpha=v_0 v_3 \in P(G) \subseteq P(\overline{G})$. 因为不存在 G 上的可许基本路 $\gamma \in P(G)$，使得 $\gamma > \alpha$ 且 $f(\gamma)=f(\alpha)$ 成立. 因此 $V_f(\alpha)=0$. 然而，因为 $\partial(v_0 v_2 v_3)=v_2 v_3 - v_0 v_3 + v_0 v_2$ 且 $\overline{f}(v_0 v_2 v_3)=\overline{f}(\alpha)$，所以 $\overline{V}(\alpha)=v_0 v_2 v_3 \in P(\overline{G})$. 从而可得 $\overline{V}$ 在 $P(G)$ 上的限制不一定是 V_f.

记

$$\overline{\Phi}=\mathrm{id}+\partial\overline{V}+\overline{V}\partial,$$

为 $\overline{G}$ 的离散梯度流. 类似于文献[34,定理 6.3,定理 6.4]中的证明，我们可以得到以下定理中关于 $\overline{V}$ 和 $\overline{\Phi}$ 的主要性质.

定理 6.3.1[34,定理6.3,定理6.4]

（ⅰ）$\overline{V} \circ \overline{V}=0$；

（ⅱ）对任意 $\alpha \in P(\overline{G})$，$\sharp\{\beta^{(n-1)} \mid \overline{V}(\beta)=\pm\alpha\} \leqslant 1$；

（ⅲ）对任意 $\alpha \in P(\overline{G})$，$\alpha$ 是临界的 $\Leftrightarrow \{\alpha \notin \mathrm{Image}(\overline{V}), \overline{V}(\alpha)=0\}$；

（ⅳ）$\overline{\Phi}\partial=\partial\overline{\Phi}$.

证明　给出简要证明.

（ⅰ）对 $\overline{G}$ 上任意可许基本路 β，如果 $\overline{V}(\beta)=\alpha$，则必然 $\beta < \alpha$ 且 $\overline{f}(\beta)=\overline{f}(\alpha)$. 由引理 6.1.1 可知，在 $\overline{G}$ 上不存在可许基本路 γ 使得 $\gamma > \alpha$ 且 $\overline{f}(\gamma)=\overline{f}(\alpha)$. 因此，$\overline{V} \circ \overline{V}(\beta)=0$.（ⅰ）得证.

（ⅱ）如果 $\overline{V}(\beta) = \pm\alpha$，则 $\beta < \alpha$ 且 $\overline{f}(\beta) = \overline{f}(\alpha)$. 因此，由定义 6.1.1（ⅱ）知，（ⅱ）得证.

（ⅲ）由定义 6.1.1 知，α 是临界的 $\Leftrightarrow$ 对任意可许基本路 $\gamma > \alpha$，$\overline{f}(\gamma) > \overline{f}(\alpha)$ 且对任意可许基本路 $\beta < \alpha$，$\overline{f}(\beta) < \overline{f}(\alpha)$. 这等价于在 $\overline{G}$ 上不存在可许基本路 γ 使得 $\gamma > \alpha$ 且 $\overline{f}(\gamma) = \overline{f}(\alpha)$，以及在 $\overline{G}$ 上不存在可许基本路 β 使得 $\beta < \alpha$ 且 $\overline{f}(\beta) = \overline{f}(\alpha)$. 这意味着（ⅲ）成立.

（ⅳ）

$$\partial\overline{\Phi} = \partial(\mathrm{id} + \partial\overline{V} + \overline{V}\partial) = \partial + \partial\overline{V}\partial,$$

$$\overline{\Phi}\partial = (\mathrm{id} + \partial\overline{V} + \overline{V}\partial)\partial = \partial + \partial\overline{V}\partial.$$

令

$$P_*^{\overline{\Phi}}(\overline{G}) = \Big\{ \sum_i a_i\alpha_i \in P_*(\overline{G}) \,\Big|\, \overline{\Phi}\big(\sum_i a_i\alpha_i\big) = \sum_i a_i\alpha_i, a_i \in R \Big\}.$$

由定理 6.3.1（ⅳ）可知，边界算子 ∂ 把 $P_n^{\overline{\Phi}}(\overline{G})$ 映到 $P_{n-1}^{\overline{\Phi}}(\overline{G})$，因此，$\{P_*^{\overline{\Phi}}(\overline{G}), \partial_*\}$ 是 $P_*(\overline{G})$ 中包含所有 $\overline{\Phi}$-不变链的子链复形，称为 Morse 复形. 由定理 6.3.1 及文献[34,定理 7.2]可得，存在足够大的正整数 N，使得

$$\overline{\Phi}^N = \overline{\Phi}^{N+1} = \cdots = \overline{\Phi}^\infty$$

成立. 记 $\overline{\Phi}^\infty = \lim\limits_{N\to\infty}\overline{\Phi}^N$.

为了给出有向图的离散 Morse 理论，先证明以下链复形的拟同构.

定理 6.3.2 设 $\Omega_*(G)$ 是 $\overline{V}$-不变的（即对任意 $n \geqslant 0$，$\overline{V}(\Omega_n(G)) \subseteq \Omega_{n+1}(G)$）. 则存在拟同构

$$\Omega_*(G) \to \Omega_*(G) \bigcap P_*^{\overline{\Phi}}(G).$$

证明 由文献[34,定理 7.3]的证明可知，有以下链同伦

$$\overline{\Phi}^\infty : P_*(\overline{G}) \to P_*^{\overline{\Phi}}(\overline{G});$$

$$\iota : P_*^{\overline{\Phi}}(\overline{G}) \to P_*(\overline{G}) \tag{6.1}$$

存在，其中 ι 是规范包含映射，且

$$\overline{\Phi}^\infty \circ \iota = \mathrm{id}, \tag{6.2}$$

$$\iota \circ \overline{\Phi}^{\infty} \simeq \mathrm{id}. \tag{6.3}$$

首先,证明

$$\overline{\Phi}^{\infty}|_{\Omega_{*}(G)} : \Omega_{*}(G) \to \Omega_{*}(G) \bigcap P_{*}^{\overline{\Phi}}(G) \tag{6.4}$$

是定义良好的.

对任意 $x = \sum a_i \alpha_i \in \Omega_n(G) \subseteq P_n(\overline{G})$,其中 $a_i \in R$,α_i 是 G 上的可许基本 n-道路. 由于 $\Omega_{*}(G)$ 是 $\overline{V}$-不变的,所以 $\overline{\Phi}(x) \in \Omega_n(G)$. 从而,

$$\overline{\Phi}^{\infty}(x) \in \Omega_n(G).$$

另一方面,由式(6.1)可得

$$\overline{\Phi}^{\infty}(x) \in P_{*}^{\overline{\Phi}}(\overline{G}).$$

因此,式(6.4)是定义良好的.

其次,由式(6.2)和式(6.3)可知,

$$(\overline{\Phi}^{\infty}|_{\Omega_{*}(G)}) \circ (\iota|_{\Omega_{*}(G) \cap P_{*}^{\overline{\Phi}}(\overline{G})}) = \mathrm{id}.$$

因此,

$$(\overline{\Phi}^{\infty}|_{\Omega_{*}(G)})_{*} \circ (\iota|_{\Omega_{*}(G) \cap P_{*}^{\overline{\Phi}}(\overline{G})})_{*} = \mathrm{id}$$

且 $(\overline{\Phi}^{\infty}|_{\Omega_{*}(G)})_{*}$ 是满同态的. 这里的 $(\overline{\Phi}^{\infty}|_{\Omega_{*}(G)})_{*}$ 和 $(\iota|_{\Omega_{*}(G) \cap P_{*}^{\overline{\Phi}}(\overline{G})})_{*}$ 是由链复形 $\Omega_{*}(G)$ 和 $\Omega_{*}(G) \bigcap P_{*}^{\overline{\Phi}}(\overline{G})$ 之间的态射所诱导的同调群 $H_{*}(\Omega_{*}(G))$ 和 $H_{*}(\Omega_{*}(G) \bigcap P_{*}^{\overline{\Phi}}(\overline{G}))$ 之间的同态. 需要进一步证明 $(\overline{\Phi}^{\infty}|_{\Omega_{*}(G)})_{*}$ 也是单同态的,即对任意 $x \in \mathrm{Ker}\partial|_{\Omega_n(G)}$,如果

$$(\overline{\Phi}^{\infty}|_{\Omega_{*}(G)})_{*}(x)$$

是 $\Omega_{n+1}(G) \bigcap P_{n+1}^{\overline{\Phi}}(\overline{G})$ 中的一个边界,那么 x 也是 $\Omega_{n+1}(G)$ 中的一个边界.

设存在 $y \in \Omega_{n+1}(G) \bigcap P_{n+1}^{\overline{\Phi}}(\overline{G})$,使得 $\partial y = \overline{\Phi}^{\infty}(x)$. 由于

$$\overline{\Phi}^{\infty}(x) = \overline{\Phi}^{N}(x)$$
$$= (\mathrm{id} + \partial\overline{V})^{N}(x)$$
$$= (C_N^0 (\mathrm{id})^N + C_N^1 (\mathrm{id})^{N-1}\partial\overline{V} + C_N^2 (\mathrm{id})^{N-2}(\partial\overline{V})^2 + \cdots + C_N^N (\partial\overline{V})^N)(x)$$

$$= x + (C_N^1 \partial \overline{V} + C_N^2 (\partial \overline{V})^2 + \cdots + C_N^N (\partial \overline{V})^N)(x)$$

$$= x + \partial (C_N^1 \overline{V} + C_N^2 (\overline{V} \partial \overline{V}) + \cdots + C_N^N (\overline{V} \partial \overline{V} \cdots \partial \overline{V}))(x)$$

且 $\Omega_*(G)$ 是 $\overline{V}$-不变的,所以 $L(x) \in \Omega_{n+1}(G)$. 其中,

$$L = C_N^1 \overline{V} + C_N^2 (\overline{V} \partial \overline{V}) + \cdots + C_N^N (\overline{V} \partial \overline{V} \cdots \partial \overline{V})$$

因此,

$$\partial y - \partial L(x) = x$$

这意味着 $x = \partial(y - L(x))$ 且 x 是 $\Omega_{n+1}(G)$ 中的一个边界.

定理得证.

记

$$\Omega_*(G) \bigcap P_*^{\overline{\Phi}}(G) = \Omega_*^{\overline{\Phi}}(G).$$

由定理 6.3.2 可知,有如下有向图的离散 Morse 理论.

推论 6.3.1 设 G 是有向图,f 是 G 上满足条件(∗)的离散 Morse 函数. 设 $\overline{f}$ 是 f 在 $\overline{G}$ 上的延拓,$\overline{V} = \text{grad}\,\overline{f}$ 是 $\overline{G}$ 的离散梯度向量场. 假设 $\Omega_*(G)$ 是 $\overline{V}$-不变的,则

$$H_m(G) \cong H(\Omega_*^{\overline{\Phi}}(G)), m \geqslant 0.$$

注 6.3.1 由推论 6.3.1 可知,链复形

$$\{\Omega_*^{\overline{\Phi}}(G), \partial_*\} \tag{6.5}$$

为有向图 G 的 Morse 复形. 特别地,当 G 为传递有向图时,式(6.5)则简化为 $P_*^{\overline{\Phi}}(\overline{G})$.

进一步,对任意 $n \geqslant 0$,设 $\text{Crit}_n(G)$ 是由 G 上所有临界的 n-道路的形式线性组合所生成的自由 R-模. 显然,$\text{Crit}_n(G)$ 是 $P_n(G)$ 的子 R-模. 由文献[34,定理 8.2]可知,存在分次 R-模之间的同构

$$\overline{\Phi}^{\infty}\big|_{\text{Crit}_*(\overline{G})} : \text{Crit}_*(\overline{G}) \to P_*^{\overline{\Phi}}(\overline{G}).$$

因此,推论 6.3.1 也可写成以下形式.

定理 6.3.3　设 G 是有向图，f 是 G 上满足条件（ $*$ ）的离散 Morse 函数. 设 $\overline{f}$ 是 f 在 $\overline{G}$ 上的延拓，$\overline{V}=\operatorname{grad}\overline{f}$ 是 $\overline{G}$ 的离散梯度向量场. 假设 $\Omega_*(G)$ 是 $\overline{V}$-不变的，则

$$H_m(G) \cong H_m(\{\Omega_n(G) \cap \overline{\Phi}^\infty(\mathrm{Crit}_n(\overline{G})), \partial_n\}_{n \geqslant 0}). \tag{6.6}$$

例 6.3.2　考虑如下有向图 G 和它的传递闭包 $\overline{G}$，易得

$$\Omega_*(G) = \{v_0, v_1, v_2, v_3, v_0v_1, v_1v_2, v_2v_3, v_0v_3\}.$$

设 $f:V(G) \rightarrow [0, +\infty)$ 是定义在 G 上的函数，其中 $f(v_0)=0$，$f(v_i)>0, 0<i\leqslant 3$. 从而 f 是 G 上满足条件（ $*$ ）的离散 Morse 函数. 由定理 6.2.1 可知，f 可延拓为 $\overline{G}$ 上的离散 Morse 函数 $\overline{f}$，满足对任意顶点 $v \in V(G)$ 有 $\overline{f}(v)=f(v)$.

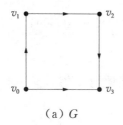　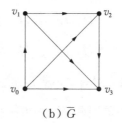

(a) G　　　　　　　　(b) $\overline{G}$

图 6.4　例 6.3.2

因为 $\overline{f}(v_0)=0$ 且 $v_0 \rightarrow v_i (i \neq 0)$ 都是 $\overline{G}$ 的有向边，所以 $\overline{G}$ 上除 0-道路 $\{v_0\}$ 外的所有可许基本路都是非临界的. 因此，

$$\mathrm{Crit}_*(\overline{G}) = \{v_0\}.$$

设 $\overline{V}=\operatorname{grad}\overline{f}$ 是 $\overline{G}$ 的离散梯度向量场，则

$$\overline{V}(v_1)=-v_0v_1, \overline{V}(v_2)=-v_0v_2, \overline{V}(v_3)=-v_0v_3,$$

$$\overline{V}(v_1v_3)=-v_0v_1v_3, \overline{V}(v_2v_3)=-v_0v_2v_3, \overline{V}(v_1v_2)=-v_0v_1v_2, \tag{6.7}$$

$$\overline{V}(\alpha)=0, \text{对} \overline{G} \text{上任意其他可许基本路} \alpha.$$

其中，式（6.7）表明 $\Omega_*(G)$ 是 $\overline{V}$-不变的.

设 $\overline{\Phi}=\mathrm{id}+\partial\overline{V}+\overline{V}\partial$ 是 $\overline{G}$ 的离散梯度流，则

$$\overline{\Phi}(v_0) = v_0, \overline{\Phi}(v_1) = v_0$$

$$\overline{\Phi}(v_2) = v_0, \overline{\Phi}(v_3) = v_0$$

$\overline{\Phi}(\alpha) = 0$, 对 G 上任意其他可许基本路 α.

直接计算可得, $\overline{\Phi}^{\infty} = \overline{\Phi}$. 从而,

$$\overline{\Phi}^{\infty}(\mathrm{Crit}_{*}(\overline{G})) = \{v_0\},$$

$$\Omega_{*}(G) \bigcap \overline{\Phi}^{\infty}(\mathrm{Crit}_{*}(\overline{G})) = \{v_0\}.$$

因此,

$$H_0(\Omega_{*}(G) \bigcap \overline{\Phi}^{\infty}(\mathrm{Crit}_{*}(\overline{G}))) \cong R, H_m(\Omega_{*}(G) \bigcap \overline{\Phi}^{\infty}(\mathrm{Crit}_{*}(\overline{G}))) = 0, m > 0.$$

由文献[4, 命题 4.7]可得, $H_1(G) \cong R$. 由文献[4, 定理 4.6]可得, $H_1(\overline{G}) = O$. 因此,

$$H_1(G) \neq H_1(\Omega_{*}(G) \bigcap \overline{\Phi}^{\infty}(\mathrm{Crit}_{*}(\overline{G}))),$$

$$H_1(G) \neq H_1(\overline{G}).$$

注 6.3.2 对有些不满足定理 6.3.3 中条件" $\Omega_{*}(G)$ 是 $\overline{V}$-不变的"的有向图, 式(6.6)中的同调群同构可能是不存在的.

注 6.3.3 一般来说, 有向图 G 和它的传递闭包 $\overline{G}$ 的同调群是不同的(在同构意义下).

6.4 满足条件 (*) 的有向图

在本节中, 我们证明在相当多的有向图上可以定义满足条件(*)的 Morse 函数, 并举例阐释定理 6.3.3.

受引理 6.1.2 的启发, 给出以下定理.

定理 6.4.1 设 G 是有向图, $v' \in V(G)$ 是 G 上不属于任何有向圈的任意一个顶点. 定义函数 $f:V(G) \rightarrow [0, +\infty)$ 如下:

$$f(v) = \begin{cases} 0, & v = v' \\ \neq 0, & v \neq v' \end{cases}$$

则 f 是 G 上满足条件($*$)的离散 Morse 函数.

证明　设 $\alpha = v_0 \cdots v_n$ 是 G 上任意一条可许基本路. 我们分以下两种情形进行讨论.

情形 1　对所有的 $0 \leqslant i \leqslant n, v_i \neq v'$. 我们断言至多存在一个指标 $k(-1 \leqslant k \leqslant n)$ 使得 $\gamma' = v_0 \cdots v_k v' v_{k+1} \cdots v_n$ 是 G 上的一条可许基本路($k = -1, \gamma' = v' v_0 \cdots v_k \cdots v_n$). 反证. 设 $\gamma'' = v_0 \cdots v_j v' v_{j+1} \cdots v_n$ 是 G 上另一条可许基本路, $j \neq k$. 不妨设 $k < j$. 则 $\tilde{\gamma} = v' v_{k+1} \cdots v_j v'$ 是 G 上的一个有向圈,这与 v' 不属于任何有向圈矛盾. 因此,对任意可许基本路 $\gamma > \alpha$,有

$$\# \{ \gamma > \alpha \,|\, f(\gamma) = f(\alpha) \} \leqslant 1.$$

同时,对任意可许基本路 $\beta < \alpha$,有 $f(\beta) < f(\alpha)$ 成立.

情形 2　存在某个 $0 \leqslant i \leqslant n$ 使得 $v_i = v'$. 我们断言对任意 $0 \leqslant j \neq i \leqslant n$, $v_j \neq v'$. 反证. 若 $v_i = v_j = v', i \neq j$. 不妨假设 $i < j$. 由于 α 是 G 上的可许基本路,对任意 $1 \leqslant k \leqslant n, v_{k-1} \neq v_k$. 因此 $j \neq i+1$. 设 $\alpha' = v_i \cdots v_j$. 则 α' 是 G 上的一个有向圈,这与 v' 不属于任何有向圈矛盾. 所以,对任意可许基本路 $\beta < \alpha$,有

$$\# \{ \beta < \alpha \,|\, f(\beta) = f(\alpha) \} \leqslant 1.$$

同时,对任意可许基本路 $\gamma > \alpha$,有 $f(\gamma) > f(\alpha)$.

综合情形 1 和情形 2,由定义 6.1.1 可得, f 是 G 上的离散 Morse 函数. 而且,由于 G 中只有一个点 v' 满足 $f(v') = 0$,所以 f 满足条件($*$). 定理得证.

最后,为了说明离散 Morse 理论在简化有向图同调群计算中的应用,给出以下例子.

例 6.4.1　设 G 是正方形. 那么 G 的传递闭包是一个有向图 $\overline{G}$,其中

$V(\overline{G})=V(G)$，且 $E(\overline{G})=E(G)\bigcup\{v_0\to v_3\}$. 设 f 是 G 上的一个函数，使得

$$f(v_0)=1, f(v_1)=0, f(v_2)=2, f(v_3)=3.$$

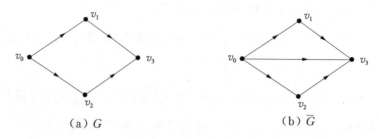

（a）G　　　　　　　（b）$\overline{G}$

图 6.5　例 6.4.1

由定理 6.4.1 可得，f 是 G 上满足条件（∗）的离散 Morse 函数. 由定理 6.2.1 可知，f 可延拓为 $\overline{G}$ 上的离散 Morse 函数 $\overline{f}$，且满足对任意顶点 $v\in V(G)$，有 $\overline{f}(v)=f(v)$ 成立. 易得，

$$\mathrm{Crit}_*(G)=\{v_1,v_2,v_0v_2,v_2v_3,v_0v_1v_3,v_0v_2v_3\},$$

$$\mathrm{Crit}_*(\overline{G})=\{v_1,v_2,v_0v_2,v_2v_3,v_0v_2v_3\},$$

$$\Omega_*(G)=\{v_0,v_1,v_2,v_3,v_0v_1,v_0v_2,v_1v_3,v_2v_3,v_0v_1v_3-v_0v_2v_3\}.$$

注意，$\mathrm{Crit}_*(\overline{G})\bigcap P(G)\neq\mathrm{Crit}_*(G)$.

设 $\overline{V}=\mathrm{grad}\,\overline{f}$ 是 $\overline{G}$ 的离散梯度向量场，则

$$\overline{V}(v_0)=v_0v_1, \overline{V}(v_3)=-v_1v_3, \overline{V}(v_0v_3)=v_0v_1v_3,$$

$$\overline{V}(\alpha)=0,\text{对 }\overline{G}\text{ 上任意其他可许基本路 }\alpha,$$

$$\overline{V}(\Omega_n(G))\subseteq\Omega_{n+1}(G), n\geqslant0,\text{即 }\Omega_*(G)\text{ 是 }\overline{V}\text{-不变的}.$$

设 $\overline{\Phi}=\mathrm{id}+\partial\overline{V}+\overline{V}\partial$ 是 $\overline{G}$ 的离散梯度流，则

$$\overline{\Phi}(v_0)=v_1, \overline{\Phi}(v_1)=v_1$$

$$\overline{\Phi}(v_2)=v_2, \overline{\Phi}(v_3)=v_1,$$

$$\overline{\Phi}(v_0v_1)=0, \overline{\Phi}(v_0v_2)=v_0v_2-v_0v_1,$$

$$\overline{\Phi}(v_1v_3)=0, \overline{\Phi}(v_2v_3)=v_2v_3-v_1v_3,$$

$$\overline{\Phi}(v_0v_3)=0, \overline{\Phi}(v_0v_1v_3)=0,$$

$$\overline{\Phi}(v_0v_2v_3) = v_0v_2v_3 - v_0v_1v_3.$$

直接计算可得，$\overline{\Phi}^\infty = \overline{\Phi}$. 从而，

$$\overline{\Phi}^\infty(\mathrm{Crit}_*(\overline{G})) = \{v_1, v_2, v_0v_2 - v_0v_1, v_2v_3 - v_1v_3, v_0v_2v_3 - v_0v_1v_3\},$$

$$\Omega_*(G) \bigcap \overline{\Phi}^\infty(\mathrm{Crit}_*(\overline{G})) = \{v_1, v_2, v_0v_2 - v_0v_1, v_2v_3 - v_1v_3, v_0v_2v_3 - v_0v_1v_3\}.$$

因此，

$$\partial_1(v_0v_2 - v_0v_1) = v_2 - v_1, \partial_1(v_2v_3 - v_1v_3) = v_1 - v_2,$$

$$\partial_2(v_0v_2v_3 - v_0v_1v_3) = (v_0v_2 - v_0v_1) + (v_2v_3 - v_1v_3),$$

且

$$H_0(\Omega_*(G) \bigcap \overline{\Phi}^\infty(\mathrm{Crit}_*(\overline{G}))) \cong R,$$

$$H_1(\Omega_*(G) \bigcap \overline{\Phi}^\infty(\mathrm{Crit}_*(\overline{G}))) = 0,$$

$$H_m(\Omega_*(G) \bigcap \overline{\Phi}^\infty(\mathrm{Crit}_*(\overline{G}))) = 0, m \geqslant 2.$$

这与文献[4，命题 4.7]中 G 的道路同调群是一致的.

例 6.4.2　我们仍然考虑例 6.4.1 中的有向图 G. 设 $f:V(G) \to [0, +\infty)$ 是定义在 G 上的不同于例 6.4.1 的函数，其中 $f(v_0) = 0$，$f(v_i) > 0, 0 < i \leqslant 3$[①]. 同理，由定理 6.4.1 可知，$f$ 是 G 上满足条件（＊）的离散 Morse 函数. 由定理 6.2.1 可得 f 可延拓为 $\overline{G}$ 上的离散 Morse 函数 $\overline{f}$，满足对任意顶点 $v \in V(G)$，有 $\overline{f}(v) = f(v)$ 成立. 显然，

$$\Omega_*(G) = \{v_0, v_1, v_2, v_3, v_0v_1, v_0v_2, v_1v_3, v_2v_3, v_0v_1v_3 - v_0v_2v_3\}$$

由于 $\overline{f}(v_0) = 0$ 且 $v_0 \to v_i(i \neq 0)$ 是 $\overline{G}$ 上的有向边，所以 $\overline{G}$ 上除 0-道路 $\{v_0\}$ 以外的可许基本路都是非临界的. 因此，$\mathrm{Crit}_*(\overline{G}) = \{v_0\}$.

设 $\overline{V} = \mathrm{grad}\,\overline{f}$ 是 $\overline{G}$ 的离散梯度向量场，则

$$\overline{V}(v_1) = -v_0v_1, \overline{V}(v_2) = -v_0v_2, \overline{V}(v_3) = -v_0v_3,$$

$$\overline{V}(v_1v_3) = -v_0v_1v_3, \overline{V}(v_2v_3) = -v_0v_2v_3, \tag{6.8}$$

---

① 有向图上的离散 Morse 函数与单纯复形（或胞腔复形）上的离散 Morse 函数不同，零点对道路是否临界起到了关键性作用.

$$\overline{V}(\alpha)=0,\text{对}\,\overline{G}\,\text{上任意其他可许基本路}\,\alpha.$$

其中,式(6.8)表明 $\Omega_*(G)$ 不是 $\overline{V}$-不变的.

设 $\overline{\Phi}=\text{id}+\partial\overline{V}+\overline{V}\partial$ 是 $\overline{G}$ 的离散梯度流,则

$$\overline{\Phi}(v_0)=v_0,\overline{\Phi}(v_1)=v_0,$$

$$\overline{\Phi}(v_2)=v_0,\overline{\Phi}(v_3)=v_0,$$

$$\overline{\Phi}(\alpha)=0,\text{对}\,\overline{G}\,\text{上任意其他可许基本路}\,\alpha.$$

直接计算可得,$\overline{\Phi}^{\infty}=\overline{\Phi}$. 从而,

$$\overline{\Phi}^{\infty}(\text{Crit}_*(\overline{G}))=\{v_0\},\,\Omega_*(G)\bigcap\overline{\Phi}^{\infty}(\text{Crit}_*(\overline{G}))=\{v_0\}.$$

因此,

$$H_0(G)=H_0(\Omega_*(G)\bigcap\overline{\Phi}^{\infty}(\text{Crit}_*(\overline{G})))\cong R,$$

$$H_m(G)=H_m(\Omega_*(G)\bigcap\overline{\Phi}^{\infty}(\text{Crit}_*(\overline{G})))=0,m\geqslant 1.$$

注 6.4.1 由例 6.4.1 和例 6.4.2 可知,在有向图的离散 Morse 理论中,离散 Morse 函数零点的选取对简化同调群的计算是非常重要的. 一般来说,可以选择有向图的传递闭包中度数较大的顶点作为零点.

例 6.4.3 考虑如下有向图 G 和它的传递闭包 $\overline{G}$. 设 $f:V(G)\to[0,+\infty)$ 是定义在 G 上的函数,满足 $f(v_0)=0$, $f(v_i)>0,0<i\leqslant 5$.

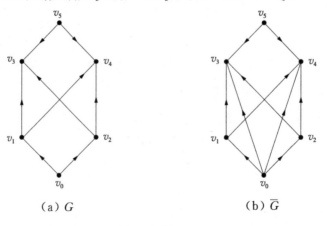

(a) G (b) $\overline{G}$

图 6.6 例 6.4.3

由定理 6.4.1 得，f 是 G 上满足条件（$*$）的离散 Morse 函数. 由定理 6.2.1 可知，f 可延拓为 $\overline{G}$ 上的离散 Morse 函数 $\overline{f}$，使得对任意顶点 $v \in V(\overline{G})$，有 $\overline{f}(v) = f(v)$. 易得

$$\mathrm{Crit}_*(G) = \{v_0, v_5, v_5 v_3, v_5 v_4\},$$

$$\Omega_*(G) = \{v_0, v_1, v_2, v_3, v_4, v_5, v_0 v_1, v_0 v_2, v_1 v_3, v_1 v_4, v_2 v_3, v_2 v_4, v_5 v_3, v_5 v_4, v_0 v_1 v_3 -$$

$$v_0 v_2 v_3, v_0 v_1 v_4 - v_0 v_2 v_4\}.$$

设 $\overline{V} = \mathrm{grad}\,\overline{f}$ 是 $\overline{G}$ 的离散梯度向量场，则

$$\overline{V}(v_1) = -v_0 v_1, \overline{V}(v_2) = -v_0 v_2,$$

$$\overline{V}(v_3) = -v_0 v_3, \overline{V}(v_4) = -v_0 v_4,$$

$$\overline{V}(v_1 v_3) = -v_0 v_1 v_3, \overline{V}(v_1 v_4) = -v_0 v_1 v_4, \tag{6.9}$$

$$\overline{V}(v_2 v_3) = -v_0 v_2 v_3, \overline{V}(v_2 v_4) = -v_0 v_2 v_4, \tag{6.10}$$

$$\overline{V}(\alpha) = 0, \text{对 } \overline{G} \text{ 上任意其他可许基本路 } \alpha.$$

由式（6.9）和式（6.10）可知，$\overline{V}(\Omega_1(G)) \not\subset \Omega_2(G)$. 这表明 $\Omega_*(G)$ 不是 $\overline{V}$-不变的.

设 $\overline{\Phi} = \mathrm{id} + \partial \overline{V} + \overline{V} \partial$ 是 $\overline{G}$ 的离散梯度流，则

$$\overline{\Phi}(v_0) = v_0, \qquad\qquad \overline{\Phi}(v_1) = v_0,$$

$$\overline{\Phi}(v_2) = v_0, \qquad\qquad \overline{\Phi}(v_3) = v_0,$$

$$\overline{\Phi}(v_4) = v_0, \qquad\qquad \overline{\Phi}(v_5) = v_5,$$

$$\overline{\Phi}(v_0 v_1) = v_0, \qquad\qquad \overline{\Phi}(v_0 v_2) = 0,$$

$$\overline{\Phi}(v_0 v_3) = 0, \qquad\qquad \overline{\Phi}(v_0 v_4) = 0,$$

$$\overline{\Phi}(v_1 v_3) = 0, \qquad\qquad \overline{\Phi}(v_1 v_4) = 0,$$

$$\overline{\Phi}(v_2 v_3) = 0, \qquad\qquad \overline{\Phi}(v_2 v_4) = 0,$$

$$\overline{\Phi}(v_5 v_3) = v_5 v_3 - v_0 v_3, \qquad \overline{\Phi}(v_5 v_4) = v_5 v_4 - v_0 v_4,$$

$$\overline{\Phi}(v_0 v_1 v_4) = 0, \qquad\qquad \overline{\Phi}(v_0 v_1 v_3) = 0,$$

$$\overline{\Phi}(v_0 v_2 v_4) = 0, \qquad\qquad \overline{\Phi}(v_0 v_2 v_3) = 0.$$

由直接计算可得, $\overline{\Phi}^{\infty} = \overline{\Phi}$. 从而,

$$\overline{\Phi}^{\infty}(\mathrm{Crit}_*(\overline{G})) = \{v_0, v_5, v_5 v_3 - v_0 v_3, v_5 v_4 - v_0 v_4\},$$

$$\Omega_*(G) \bigcap \overline{\Phi}^{\infty}(\mathrm{Crit}_*(\overline{G})) = \{v_0, v_5, v_5 v_3 - v_0 v_3, v_5 v_4 - v_0 v_4\}.$$

因此,

$$\partial_1(v_5 v_3 - v_0 v_3) = v_0 - v_5$$

$$\partial_1(v_5 v_4 - v_0 v_4) = v_0 - v_5$$

且

$$H_0(\Omega_*(G) \bigcap \overline{\Phi}^{\infty}(\mathrm{Crit}_*(\overline{G}))) \cong R$$

$$H_1(\Omega_*(G) \bigcap \overline{\Phi}^{\infty}(\mathrm{Crit}_*(\overline{G}))) \cong R$$

$$H_m(\Omega_*(G) \bigcap \overline{\Phi}^{\infty}(\mathrm{Crit}_*(\overline{G}))) = 0, m \geqslant 2.$$

这与 G 的道路同调是一致的[4].

注 6.4.2 由例 6.4.1 和例 6.4.3 可知, 定理 6.3.3 中的条件 "$\Omega_*(G)$ 是 $\overline{V}$-不变的" 是充分而非必要条件. 即使有些有向图不满足这个条件, 但式(6.6) 中的同调群同构仍有可能是存在的.

6.5 进一步讨论

本节将考虑定理 6.3.3 的矩阵表示, 以期在将来应用离散 Morse 理论找到计算有向图的同调(持续同调)群的有效算法.

设 G 是一个有向图, $\overline{G}$ 表示 G 的传递闭包. 选择所有可许的基本 n-道路作为 $P_n(\overline{G})$ 的一组基, 记为 B_n. 设 $M(-)$ 是算子 "$-$" 所对应的矩阵, E_n 为 n-阶单位矩阵. 对任意 $n \geqslant 0$, 记

$$\overline{V}_n : P_n(\overline{G}) \to P_{n+1}(\overline{G})),$$

$$\partial_n : P_n(\overline{G}) \to P_{n-1}(\overline{G}),$$

$$\overline{\Phi}_n : P_n(\overline{G}) \to P_n(\overline{G}),$$

$$\overline{\Phi}_n^{\infty}\big|_{\mathrm{Crit}_n(\overline{G})} : \mathrm{Crit}_n(\overline{G}) \to P_n^{\overline{\Phi}}(\overline{G}).$$

用算子的矩阵表示说明例 6.4.1 中同调群的计算过程. 由于

$$P_0(\overline{G}) = \{v_0, v_1, v_2, v_3\},$$

$$P_1(\overline{G}) = \{v_0 v_1, v_0 v_2, v_0 v_3, v_1 v_3, v_2 v_3\},$$

$$P_2(\overline{G}) = \{v_0 v_1 v_3, v_0 v_2 v_3\},$$

$$P_3(\overline{G}) = 0.$$

从而

$$\overline{V}_1 \begin{bmatrix} v_0 v_1 \\ v_0 v_2 \\ v_0 v_3 \\ v_1 v_3 \\ v_2 v_3 \end{bmatrix} = \begin{bmatrix} 0 & 0 \\ 0 & 0 \\ 1 & 0 \\ 0 & 0 \\ 0 & 0 \end{bmatrix} \begin{bmatrix} v_0 v_1 v_3 \\ v_0 v_2 v_3 \end{bmatrix}, \tag{6.11}$$

$$\overline{V}_0 \begin{bmatrix} v_0 \\ v_1 \\ v_2 \\ v_3 \end{bmatrix} = \begin{bmatrix} 1 & 0 & 0 & 0 & 0 \\ 0 & 0 & 0 & 0 & 0 \\ 0 & 0 & 0 & 0 & 0 \\ 0 & 0 & 0 & -1 & 0 \end{bmatrix} \begin{bmatrix} v_0 v_1 \\ v_0 v_2 \\ v_0 v_3 \\ v_1 v_3 \\ v_2 v_3 \end{bmatrix}, \tag{6.12}$$

$$\partial_2 \begin{bmatrix} v_0 v_1 v_3 \\ v_0 v_2 v_3 \end{bmatrix} = \begin{bmatrix} 1 & 0 & -1 & 1 & 0 \\ 0 & 1 & -1 & 0 & 1 \end{bmatrix} \begin{bmatrix} v_0 v_1 \\ v_0 v_2 \\ v_0 v_3 \\ v_1 v_3 \\ v_2 v_3 \end{bmatrix}, \tag{6.13}$$

且

$$\partial_1 \begin{bmatrix} v_0v_1 \\ v_0v_2 \\ v_0v_3 \\ v_1v_3 \\ v_2v_3 \end{bmatrix} = \begin{bmatrix} -1 & 1 & 0 & 0 \\ -1 & 0 & 1 & 0 \\ -1 & 0 & 0 & 1 \\ 0 & -1 & 0 & 1 \\ 0 & 0 & -1 & 1 \end{bmatrix} \begin{bmatrix} v_0 \\ v_1 \\ v_2 \\ v_3 \end{bmatrix}. \tag{6.14}$$

由式(6.11)至式(6.14)可得,

$$M(\overline{V}_1) = \begin{bmatrix} 0 & 0 \\ 0 & 0 \\ 1 & 0 \\ 0 & 0 \\ 0 & 0 \end{bmatrix},$$

$$M(\overline{V}_0) = \begin{bmatrix} 1 & 0 & 0 & 0 & 0 \\ 0 & 0 & 0 & 0 & 0 \\ 0 & 0 & 0 & 0 & 0 \\ 0 & 0 & 0 & -1 & 0 \end{bmatrix},$$

$$M(\partial_2) = \begin{bmatrix} 1 & 0 & -1 & 1 & 0 \\ 0 & 1 & -1 & 0 & 1 \end{bmatrix},$$

$$M(\partial_1) = \begin{bmatrix} -1 & 1 & 0 & 0 \\ -1 & 0 & 1 & 0 \\ -1 & 0 & 0 & 1 \\ 0 & -1 & 0 & 1 \\ 0 & 0 & -1 & 1 \end{bmatrix}.$$

因此,

$$M(\overline{\Phi}_1) = E_1 + M(\partial_1)M(\overline{V}_0) + M(\overline{V}_1)M(\partial_2)$$

$$= \begin{bmatrix} 0 & 0 & 0 & 0 & 0 \\ -1 & 1 & 0 & 0 & 0 \\ 0 & 0 & 0 & 0 & 0 \\ 0 & 0 & 0 & 0 & 0 \\ 0 & 0 & 0 & -1 & 1 \end{bmatrix}.$$

由直接计算可得，

$$(M(\overline{\Phi}_1))^{\infty} = M(\overline{\Phi}_1) \cdot M(\overline{\Phi}_1) \cdot \cdots = M(\overline{\Phi}_1) = M(\overline{\Phi}_1^{\infty}).$$

由于 $\mathrm{Crit}_1(\overline{G}) = \{v_0 v_2, v_2 v_3\}$，因此 $M(\overline{\Phi}_1^{\infty}\big|_{\mathrm{Crit}_1(\overline{G})})$ 是由 $M(\overline{\Phi}_1)$ 中第 2 行和第 5 行元素组成的矩阵，即

$$M(\overline{\Phi}_1^{\infty}\big|_{\mathrm{Crit}_1(\overline{G})}) = \begin{bmatrix} -1 & 1 & 0 & 0 & 0 \\ 0 & 0 & 0 & -1 & 1 \end{bmatrix}.$$

由于 $\Omega_1(G) = \{v_0 v_1, v_0 v_2, v_1 v_3, v_2 v_3\}$，从而

$$\Omega_1(G) \bigcap \overline{\Phi}^{\infty}(\mathrm{Crit}_1(\overline{G})) = \{v_0 v_2 - v_0 v_1, v_2 v_3 - v_1 v_3\}.$$

由式(6.14)可得，

$$M(\partial_1\big|_{\Omega_1(G) \bigcap \overline{\Phi}^{\infty}(\mathrm{Crit}_1(\overline{G}))}) = \begin{bmatrix} 0 & -1 & 1 & 0 \\ 0 & 1 & -1 & 0 \end{bmatrix}. \tag{6.15}$$

由式(6.15)可得，

$$\mathrm{Ker}(\partial_1\big|_{\Omega_1(G) \bigcap \overline{\Phi}(\mathrm{Crit}_1(\overline{G}))}) = \{v_0 v_2 - v_0 v_1 + v_2 v_3 - v_1 v_3\}$$

及

$$\mathrm{Im}(\partial_1\big|_{\Omega_1(G) \bigcap \overline{\Phi}(\mathrm{Crit}_1(\overline{G}))}) = \{v_1 - v_2\}.$$

类似地，$\overline{\Phi}_0 : P_0(\overline{G}) \to P_0(\overline{G})$ 的矩阵表示为

$$M(\overline{\Phi}_0) = \begin{bmatrix} 0 & 1 & 0 & 0 \\ 0 & 1 & 0 & 0 \\ 0 & 0 & 1 & 0 \\ 0 & 1 & 0 & 0 \end{bmatrix}.$$

$\overline{\Phi}_2 : P_2(\overline{G}) \to P_2(\overline{G})$ 的矩阵表示为

$$M(\overline{\Phi}_2) = \begin{bmatrix} 0 & 0 \\ -1 & 1 \end{bmatrix}.$$

由直接计算可得，

$$(M(\overline{\Phi}_0))^\infty = M(\overline{\Phi}_0) = M(\overline{\Phi}_0^\infty)$$

且

$$(M(\overline{\Phi}_2))^\infty = M(\overline{\Phi}_2) = M(\overline{\Phi}_2^\infty).$$

从而，

$$\overline{\Phi}_0^\infty(\mathrm{Crit}_0(\overline{G})) = \overline{\Phi}_0(\mathrm{Crit}_0(\overline{G})) = \mathrm{Crit}_0(\overline{G}).$$

因此，

$$\Omega_0(G) \bigcap \overline{\Phi}^\infty(\mathrm{Crit}_0(\overline{G})) = \mathrm{Crit}_0(\overline{G}) = \{v_1, v_2\},$$

$$\mathrm{Ker}(\partial_0 \mid_{\Omega_0(G) \cap \overline{\Phi}(\mathrm{Crit}_0(\overline{G}))}) = \{v_1, v_2\}.$$

进一步地，由于 $\Omega_2(G) = \{v_0 v_1 v_3 - v_0 v_2 v_3\}$ 及 $\mathrm{Crit}_2(\overline{G}) = \{v_0 v_2 v_3\}$，因而

$$\Omega_2(G) \bigcap \overline{\Phi}^\infty(\mathrm{Crit}_2(\overline{G})) = \{v_0 v_1 v_3 - v_0 v_2 v_3\}.$$

由式(6.13)可得，

$$M(\partial_2 \mid_{\Omega_2(G) \cap \overline{\Phi}^\infty(\mathrm{Crit}_2(\overline{G}))}) = \begin{bmatrix} 1 & -1 & 0 & 1 & -1 \end{bmatrix}. \qquad (6.16)$$

由式(6.16)可得，

$$\mathrm{Ker}(\partial_2 \mid_{\Omega_2(G) \cap \overline{\Phi}(\mathrm{Crit}_2(\overline{G}))}) = 0$$

及

$$\mathrm{Im}(\partial_2 \mid_{\Omega_2(G) \cap \overline{\Phi}(\mathrm{Crit}_2(\overline{G}))}) = \{v_0 v_1 - v_0 v_2 + v_1 v_3 - v_2 v_3\}.$$

因此，

$$H_0(\Omega_*(G) \bigcap \overline{\Phi}^{\infty}(\mathrm{Crit}_*(\overline{G}))) \cong R,$$

$$H_1(\Omega_*(G) \bigcap \overline{\Phi}^{\infty}(\mathrm{Crit}_*(\overline{G}))) = 0,$$

$$H_m(\Omega_*(G) \bigcap \overline{\Phi}^{\infty}(\mathrm{Crit}_*(\overline{G}))) = 0, \quad m \geqslant 2.$$

第 7 章 有向图联结上的离散 Morse 理论[48]

本章中,我们研究了有向图联结的离散 Morse 理论,希望通过要求构成联结的两个因子满足某些条件而不是直接限制联结来给出联结的离散 Morse 理论.

设 G_1 和 G_2 是两个有向图,其中 $G_1 = (V(G_1), E(G_1))$,$G_2 = (V(G_2), E(G_2))$. 假设顶点集 $V(G_1)$ 和 $V(G_2)$ 不相交,则有向边集 $E(G_1)$ 和 $E(G_2)$ 也是不相交的. 有向图 G_1 和 G_2 的联结是一个有向图 $G = G_1 * G_2$,满足

①G 的顶点集是 $V(G_1) \bigcup V(G_2)$;

②G 的有向边集合为 $E(G_1) \bigcup E(G_2) \bigcup \{(u,v) \mid u \in V(G_1), v \in V(G_2)\}$.

设 G 是有向图,$f: V(G) \rightarrow [0, +\infty)$ 是 G 上的离散 Morse 函数(见定义 7.1.1). 定义 R-线性映射 $\mathrm{grad}\, f: P_n(G) \rightarrow P_{n+1}(G)$ 使得对 G 上的任意可许基本 n-道路 α,

$$(\mathrm{grad}\, f)(\alpha) = -<\partial\gamma, \alpha > \gamma,$$

其中,$\gamma > \alpha$ 且 $f(\gamma) = f(\alpha)$. 否则,$(\mathrm{grad}\, f)(\alpha) = 0$[34]. 称 $\mathrm{grad}\, f$ 为 G 上关于 f 的(代数)离散梯度向量场,记作 V_f,简记 V. 离散梯度流定义为:

$$\Phi = \mathrm{id} + \partial V + V\partial.$$

对应地,传递有向图上的离散 Morse 函数,(代数)离散梯度向量场和离散

梯度流分别记作 $\overline{f}, \overline{V}$ 和 $\overline{\Phi}$.

主要结论如下.

定理 7.0.1　设 $G = G_1 * G_2$, f_1, f_2 分别是 G_1, G_2 上的离散 Morse 函数. 令 f 是 G 上由 f_1 和 f_2 决定的离散 Morse 函数. 假设 $\Omega(G_i)$ 是 $\overline{V}_i$-不变的, $i = 1, 2$. 则

$$H_m(G; R) \cong H_m(\Omega_*(G) \bigcap P_*^{\overline{\Phi}}(\overline{G})), m \geqslant 0.$$

其中, $\overline{G}$ 是 G 的传递闭包, $\{P_*^{\overline{\Phi}}(\overline{G}), \partial_*\}$ 是 $\{P_*(\overline{G}), \partial_*\}$ 包含所有 $\overline{\Phi}$-不变链的子链复形.

记 $\mathrm{Crit}_n(G)$ 为 G 上所有临界 n-道路的形式线性组合生成的自由 R-模. 则有以下定理成立.

定理 7.0.2　设有向图 $G = G_1 * G_2$ 是有向图 G_1 和 G_2 的联结, f_1 是 G_1 上的函数, 满足对任意顶点 $v \in V(G_1)$, $f_1(v) > 0$, f_2 是 G_2 上有唯一零点的离散 Morse 函数[①]. 令 f 是 G 上由 f_1 和 f_2 所决定的离散 Morse 函数. 假设 $\Omega(G_i)$ 是 $\overline{V}_i$-不变的, 且对任意的 $\alpha_i \in \mathrm{Crit}(\overline{G}_i) \bigcap P(G_i)$, 有 $\overline{\Phi}_i(\alpha_i) \in \Omega(G_i)$, $i = 1, 2$. 另外,

$$\mathrm{Crit}(\overline{G}_2) \bigcap P(G_2) = \mathrm{Crit}(\overline{G}_2) \bigcap \Omega(G_2).$$

则

$$H_m(\{\mathrm{Crit}_n(\overline{G}) \bigcap P_n(G), \tilde{\partial}_n\}_{n \geqslant 0}) \cong H_m(G; R),$$

其中, $\tilde{\partial} = (\overline{\Phi}^\infty)^{-1} \circ \partial \circ \overline{\Phi}^\infty$ 且 $\overline{\Phi}^\infty$ 是 $\overline{\Phi}$ 的稳定映射.

7.1　预备知识

在本节中, 主要回顾有向图上离散 Morse 函数的定义和性质. 对有向图上

[①]　这里 f_1, f_2 一个恒大于 0, 一个是只有一个零点的离散 Morse 函数. 需要注意的是, 两个函数与有向图所需满足条件之间的对应关系, 具体可见例 7.3.1.

任何可许基本路径 α 和 β，如果 β 可以通过从 α 中删除一些顶点而获得，那么我们记作 $\alpha > \beta$ 或 $\beta < \alpha$.

定义 7.1.1 映射 $f : V(G) \to [0, +\infty)$ 称为 G 上的离散 Morse 函数，如果对任意 G 上的可许基本路 $\alpha = v_0 v_1 \cdots v_n$，以下两个条件均成立：

（ i ）$\#\left\{ \gamma^{(n+1)} > \alpha^{(n)} \mid f(\gamma) = f(\alpha) \right\} \leqslant 1$；

（ ii ）$\#\left\{ \beta^{(n-1)} < \alpha^{(n)} \mid f(\beta) = f(\alpha) \right\} \leqslant 1$，

其中

$$f(\alpha) = f(v_0 v_1 \cdots v_n) = \sum_{i=0}^{n} f(v_i).$$

对任意可许基本路 α，如果条件（ i ）和条件（ ii ）中的不等式均严格成立，则 α 称为临界的. 具体来讲，

定义 7.1.2 可许基本 n-道路 $\alpha^{(n)}$ 称为临界的，如果以下两个条件均成立：

（ i ）$'$ $\#\left\{ \gamma^{(n+1)} > \alpha^{(n)} \mid f(\gamma) = f(\alpha) \right\} = 0$；

（ ii ）$'$ $\#\left\{ \beta^{(n-1)} < \alpha^{(n)} \mid f(\beta) = f(\alpha) \right\} = 0$.

由定义 7.1.2 可知，当且仅当下列任一条件成立时，可许基本 n-道路不是临界道路：

（ i ）$''$ 存在 $(n-1)$-可许基本道路 β，使得 $\beta^{(n-1)} < \alpha^{(n)}$ 且 $f(\beta) = f(\alpha)$；

（ ii ）$''$ 存在 $(n+1)$-可许基本道路 γ，使得 $\gamma^{(n+1)} > \alpha^{(n)}$ 且 $f(\gamma) = f(\alpha)$.

G 上的有向圈是指起点与终点重合的可许基本路 $v_0 v_1 \cdots v_n v_0$，其中 $n \geqslant 1$. 易证，有向图上的离散 Morse 函数，有以下性质成立[1].

引理 7.1.1 设 G 是有向图，f 是 G 上的离散 Morse 函数. 若 $\alpha = v_0 v_1 \cdots v_n v_0$ 是 G 上的有向圈，则对任意的 $0 \leqslant i \leqslant n$，$f(v_i) > 0$.

---

[1] 参见 Wang C, Ren S. A Discrete Morse Theory for Digraphs[EB/OL]. Https://doi.org/10.48550/arxiv.2007.13425.

引理 7.1.2　设 G 是有向图，f 是 G 上的离散 Morse 函数. 则对 G 上的任意一条可许基本路，至多存在一个脚标使得其对应的顶点函数值为 0.

引理 7.1.3　设 f 是有向图 G 上的离散 Morse 函数. 则对 G 上任意可许基本路 $\alpha = v_0 v_1 \cdots v_n$，条件（ⅰ）″ 和条件（ⅱ）″ 不能同时成立.

7.2　主要定理的辅助结论

设 G_1 和 G_2 是两个有向图，其顶点集 $V(G_1)$ 与 $V(G_2)$ 是不相交的. 则有向边集 $E(G_1)$ 与 $E(G_2)$ 也是不相交的. G_1 与 G_2 的联结是一个有向图 $G = G_1 * G_2$，满足：

① G 的顶点集为 $V(G_1) \bigcup V(G_2)$；

② G 的有向边集为

$$E(G_1) \bigcup E(G_2) \bigcup \{(u,v) \mid u \in V(G_1), v \in V(G_2)\}.$$

7.2.1　有向图联结上的离散 Morse 函数

在本小节中，将给出由因子上的离散 Morse 函数所确定的联结上的函数是离散的 Morse 函数的充要条件.

首先，证明有向图联结上的离散 Morse 函数具有以下重要性质：

引理 7.2.1　设 f 是 $G = G_1 * G_2$ 上的离散 Morse 函数，则 G 上至多有一个 f 的零点.

证明　反证法. 假设有两个不同的顶点 $v', v'' \in V(G)$，使 $f(v') = f(v'') = 0$，则根据有向图的联结定义，有 3 种情形需要考虑.

情形 1　v', v'' 都属于 $V(G_1)$. 则对 G_2 上任意可许基本路 $\alpha = v_0 \cdots v_t$，有

$$\alpha' = v' v_0 \cdots v_t$$

和

$$\alpha'' = v'' v_0 \cdots v_t$$

是 G 上两条不同的 $(t+1)$-可许基本路,满足 $f(\alpha')=f(\alpha'')=f(\alpha)$. 这与 f 是 G 上的离散莫尔斯函数相矛盾.

情形 2 v', v'' 都属于 $V(G_2)$. 类似于情形 1,对 G_1 上任意可许基本路 $\alpha = v_0 \cdots v_s$,有

$$\alpha' = v_0 \cdots v_s v'$$

和

$$\alpha'' = v_0 \cdots v_s v''$$

是 G 上两条不同的 $(s+1)$-可许基本路,满足 $f(\alpha')=f(\alpha'')=f(\alpha)$. 这与 f 是 G 上的离散莫尔斯函数相矛盾.

情形 3 $v' \in V(G_1)$ 且 $v'' \in V(G_2)$. 则有 $f(v'v'')=f(v')=f(v'')$. 这也与 f 是 G 上的离散莫尔斯函数相矛盾.

结合情形 1、情形 2 和情形 3,引理得证.

其次,定义 $G=G_1 * G_2$ 上的函数

$$f(v)=\begin{cases} f_1(v), & v \in V_1, \\ f_2(v), & v \in V_2 \end{cases} \tag{7.1}$$

其中,f_1 与 f_2 分别是 G_1 和 G_2 上的函数. 则由引理 7.2.1 及式(7.1),可得

引理 7.2.2 f 是 $G=G_1 * G_2$ 上的离散 Morse 函数,当且仅当分别存在 G_1 上的离散 Morse 函数 f_1 及 G_2 上的离散 Morse 函数 f_2 使 $f=f_1 * f_2$ 且 f_1 和 f_2 中一个是正函数,另一个最多只有一个零点.

证明 $\Rightarrow$令 $f_1=f|_{G_1}$ 且 $f_2=f|_{G_2}$. 则由式(7.1)可得,$f=f_1 * f_2$. 由定义 7.1.1 可知,f_1, f_2 分别是 G_1 和 G_2 上的离散 Morse 函数. 由引理 7.2.1 知,f_1 和 f_2 一个是正的而另一个至多只有一个零点.

$\Leftarrow$不失一般性,假设 f_1 是 G_1 上的正函数,f_2 是 G_2 上的至多只有一个零点的离散 Morse 函数. 设 α 是 G 上任意一条可许基本 n-道路. 则由文献[4,命题

6.4]可得,

$$\alpha = \alpha_1 * \alpha_2,$$

其中, $\alpha_1 = v_0 \cdots v_s \in P(G_1), \alpha_2 = w_0 \cdots w_t \in P(G_2), s+t+1=n$. 考虑以下几种情形.

情形 1　$t \geqslant 0$. 设 β_1 和 β_2 是 G 上两条可许基本路,满足 $\beta_1 < \alpha, \beta_2 < \alpha$ 且 $f(\beta_1) = f(\beta_2) = f(\alpha)$. 因为对每个顶点 $v \in V(G_1), f_1(v) > 0$, 所以 $f_1(v_i) > 0, 0 \leqslant i \leqslant s$. 从而存在脚标 $0 \leqslant j \neq k \leqslant t$ 使得 $f_2(w_j) = f_2(w_k) = 0$. 这与引理 7.1.2 相矛盾. 因此,

$$\# \left\{ \beta^{(n-1)} < \alpha^{(n)} \mid f(\beta) = f(\alpha) \right\} \leqslant 1.$$

设 γ_1 和 γ_2 是 G 上两条可许基本路,满足 $\gamma_1 > \alpha, \gamma_2 > \alpha$ 且 $f(\gamma_1) = f(\gamma_2) = f(\alpha)$. 因为对任意 $v \in V(G_1), f_1(v) > 0$. 从而

$$\gamma_1 = \alpha_1 * \alpha_2'$$

和

$$\gamma_2 = \alpha_1 * \alpha_2'',$$

其中, $\alpha_2' = w_0 \cdots w_i u w_{i+1} \cdots w_t, \alpha_2'' = w_0 \cdots w_j w w_{j+1} \cdots w_t$ 且 $f_2(u) = f_2(w) = 0$. 由于 f_2 至多有一个零点,因此, $u = w$ 且 $i \neq j$. 不失一般性,假设 $i < j$. 则存在 G_2 上的有向圈

$$w w_{i+1} \cdots w_j w$$

满足 $f_2(w) = 0$. 这与引理 7.1.1 相矛盾. 所以,

$$\# \left\{ \gamma^{(n+1)} > \alpha^{(n)} \mid f(\gamma) = f(\alpha) \right\} \leqslant 1.$$

情形 2　$t = -1$. 则

$$\alpha = \alpha_1,$$

其中, $\alpha_1 = v_0 \cdots v_n \in P(G_1)$. 显然,由于对任意的顶点 $v \in V(G_1), f_1(v) > 0$, 因此对任意可许基本路 $\beta < \alpha, f(\beta) < f(\alpha)$. 故

$$\# \left\{ \beta^{(n-1)} < \alpha^{(n)} \mid f(\beta) = f(\alpha) \right\} = 0.$$

同时，由于 G_2 上至多有一个顶点 $w \in V(G_2)$ 满足 $f_2(w)=0$，因此 G 上至多有一条可许基本路

$$\gamma = v_0 \cdots v_n w$$

使得 $\gamma > \alpha$ 且 $f(\gamma) = f(\alpha)$. 所以，

$$\#\left\{\gamma^{(n+1)} > \alpha^{(n)} \,\middle|\, f(\gamma) = f(\alpha)\right\} \leqslant 1.$$

概括情形 1 和情形 2，由于 α 的任意性可知，f 是 G 上的一个离散 Morse 函数.

引理得证.

另外，我们有如下定理.

定理 7.2.1[47,定理2.12]　假设 G 是一个有向图，并且 $f\colon V(G) \to [0,+\infty)$ 是 G 上的离散 Morse 函数. 则 f 可以延拓为 $\overline{G}$ 上的离散 Morse 函数 $\overline{f}$，使得对每个顶点 $v \in V(G)$，$\overline{f}(v) = f(v)$ 当且仅当满足以下条件 $(*)$：

$(*)$ 对每个顶点 $v \in V(G)$，在所有以 v 为起点或终点的可许基本道路中最多存在一个 f 的零点.

因此，由引理 7.2.2 和定理 7.2.1 可得：

推论 7.2.1　设 $f_1\colon V(G_1) \to (0,+\infty)$ 是 G_1 上的一个函数，且 $f_2\colon V(G_2) \to [0,+\infty)$ 是 G_2 上最多有一个零点的离散 Morse 函数. 则式 (7.1) 中定义的函数 f 是可延拓的.

证明　由定理 7.2.1 知，f_1 可以延拓为 $\overline{G}_1$ 上的一个离散 Morse 函数 $\overline{f}_1$，满足对任意 $v \in V(G_1)$，$\overline{f}_1(v) = f_1(v)$. 同理，$f_2$ 可以延拓为 $\overline{G}_2$ 上的一个离散 Morse 函数 $\overline{f}_2$，满足对任意 $w \in V(G_2)$，$\overline{f}_2(w) = f_2(w)$.

由引理 7.2.2 可知，f 是 G 上的离散 Morse 函数. 由定理 7.2.1 可知，f 是可延拓的.

定义函数 $\overline{f}\colon V(\overline{G}) \to [0,+\infty)$，使得

$$\overline{f}(v) = \begin{cases} \overline{f}_1(v), & v \in V(G_1), \\ \overline{f}_2(v), & v \in V(G_2). \end{cases}$$

则 $\overline{f}$ 是 f 在 $\overline{G}$ 上的延拓,满足对任意 $v \in V(G)$,$\overline{f}(v) = f(v)$.

注 7.2.1　设 f_1, f_2 分别是有向图 G_1 和 G_2 上的离散 Morse 函数. 通过引理 7.2.2 和推论 7.2.1 可知,除有特别说明外,在本章以下结论中总是假设 f_1 是正的,并且 f_2 最多只有一个零点. $\overline{f}$ 表示离散 Morse 函数 f 在 $\overline{G} = \overline{G_1 * G_2}$ 上的延拓.

7.2.2　有向图联结的传递闭包,传递闭包上的离散梯度向量场

首先,证明两个有向图联结的传递闭包与其传递闭包的联结相同. 即

命题 7.2.1　设 G_1 和 G_2 是两个有向图. 则

$$\overline{G_1 * G_2} = \overline{G}_1 * \overline{G}_2.$$

证明　首先,

$$V(\overline{G_1 * G_2}) = V(G_1 * G_2) = V(G_1) \bigcup V(G_2) = V(\overline{G}_1) \bigcup V(\overline{G}_2).$$

其次,证明

$$E(\overline{G_1 * G_2}) = E(\overline{G}_1 * \overline{G}_2) \tag{7.2}$$

并将证明分为以下两个步骤.

步骤 1　因为 $G_1 * G_2 \subseteq \overline{G}_1 * \overline{G}_2$,所以只需要证明对任意有向边 $(u, w) \in E(\overline{G_1 * G_2}) \backslash E(G_1 * G_2)$,都有 $(u, w) \in E(\overline{G}_1 * \overline{G}_2)$ 成立即可. 对任意 $(u, w) \in E(\overline{G_1 * G_2}) \backslash E(G_1 * G_2)$,都存在一个有向边序列 $\{v_i v_{i+1}\}_{i=0}^{n-1}$ 使得 $v_i v_{i+1} \in E(G_1 * G_2)$ 且 $v_0 = u, v_n = w$. 由于 $V(G_1) \bigcap V(G_2) = \varnothing$,因此有 3 种情况需要考虑.

情形 1　任意 $v_i v_{i+1} \in E(G_1), 0 \leqslant i \leqslant n-1$. 则 $uw = v_0 v_n \in E(\overline{G}_1) \subseteq E(\overline{G}_1 * \overline{G}_2)$.

情形 2 任意 $v_i v_{i+1} \in E(G_2)$，$0 \leqslant i \leqslant n-1$，则 $uw = v_0 v_n \in E(\overline{G_2}) \subseteq E(\overline{G_1 * G_2})$。

情形 3 存在某个有向边 $v_k v_{k+1} \in E(G_1 * G_2) \backslash (E(G_1) \bigcup E(G_2))$。则由有向图联结的定义可知，顶点 $v_0, v_1, \cdots, v_k$ 都属于 G_1 且 $v_{k+1}, \cdots, v_n$ 都属于 G_2。因此，

$$uw = v_0 v_n \in E(G_1 * G_2) \backslash (E(G_1) \bigcup E(G_2)) \subseteq E(G_1 * G_2)。$$

结合情形 1 至情形 3，$E(\overline{G_1 * G_2} \backslash G_1 * G_2) \subseteq E(\overline{G_1 * G_2})$。因此，$E(\overline{G_1 * G_2}) \subseteq E(\overline{G_1 * G_2})$。

步骤 2 由有向图联结的定义，有

$$E(\overline{G_1} * \overline{G_2}) = E(\overline{G_1}) \bigcup E(\overline{G_2}) \bigcup \{(u,v) \mid u \in V(\overline{G_1}), v \in V(\overline{G_2})\}$$
$$= E(\overline{G_1}) \bigcup E(\overline{G_2}) \bigcup \{(u,v) \mid u \in V(G_1), v \in V(G_2)\}。$$

而且，

①$E(\overline{G_1}) \subseteq E(\overline{G_1 * G_2})$；

②$E(\overline{G_2}) \subseteq E(\overline{G_1 * G_2})$；

③对任意 $(u,v) \in E(\overline{G_1} * \overline{G_2})$，其中 $u \in V(G_1)$ 且 $v \in V(G_2)$，有

$$(u,v) \in E(G_1 * G_2) \subseteq E(\overline{G_1 * G_2})。$$

因此，$E(\overline{G_1 * G_2}) \supseteq E(\overline{G_1} * \overline{G_2})$。

故式(7.2)得证，命题成立。

由命题 7.2.1 和文献[4,命题 6.4]，得

推论 7.2.2 设 α 是 $\overline{G_1 * G_2}$ 上任意一条可许基本 n-道路。则存在 $\alpha_1 \in P_s(\overline{G_1})$ 及 $\alpha_2 \in P_t(\overline{G_2})$ 使得 $\alpha = \alpha_1 * \alpha_2$，其中 $s+t+1=n$，$s,t \geqslant -1$。

对每个 $n \geqslant 0$，记 $\mathrm{Crit}_n(G)$ 为由有向图 G 上临界 n-道路的所有形式线性组合生成的自由 R-模。

引理 7.2.3 设 $\alpha \in \mathrm{Crit}_n(\overline{G})$。则存在 $\alpha_1 \in \mathrm{Crit}_s(\overline{G_1})$ 和 $\alpha_2 \in \mathrm{Crit}_t(\overline{G_2})$ 满足 $\alpha = \alpha_1 * \alpha_2$，$s+t+1=n$。

证明 由推论 7.2.2 知，$\alpha = \alpha_1 * \alpha_2$ 其中 $\alpha_1 \in P_s(\overline{G_1})$ 且 $\alpha_2 \in P_t(\overline{G_2})$. 由引理 7.2.2 可知，由于 f 是 G 上由 f_1 和 f_2 决定的离散 Morse 函数，因此 f_1 和 f_2 中必定有一个是正的，另一个至多只有一个零点. 不失一般性，假设 f_1 是 $V(G_1)$ 上的正函数，f_2 至多有一个零点. 则 f_1 的延拓 $\overline{f}_1$ 在 $V(\overline{G_1})$ 是正的，并且 $\overline{G_1}$ 上任意可许基本路都是 $\overline{G_1}$ 上的临界道路. 因此，α_1 是 $\overline{G_1}$ 上的临界道路，证明的关键是要说明 α_2 是 $\overline{G_2}$ 上的临界道路. 考虑以下两种情形.

情形 1 f_2 不存在零点. 显然，$\alpha_1 \in \mathrm{Crit}_s(\overline{G_1})$ 且 $\alpha_2 \in \mathrm{Crit}_t(\overline{G_2})$.

情形 2 f_2 存在一个零点. 则 $\overline{G_1}$ 上的每一个可许基本道路都不是 $\overline{G}$ 的临界道路. 由于 α 是 $\overline{G}$ 的临界道路，因此 $t \geqslant 0$. 我们断言 $\alpha_2 \in \mathrm{Crit}_t(\overline{G_2})$. 若不然，假设 α_2 是 $\overline{G_2}$ 上的非临界道路. 则由引理 7.1.3 可知，有两种情况需要考虑.

子情形 2.1 存在 $\overline{G_2}$ 上的可许基本道路 β_2，使得 $\beta_2 < \alpha_2$ 且 $\overline{f}_2(\beta_2) = \overline{f}_2(\alpha_2)$. 令 $\alpha' = \alpha_1 * \beta_2$. 则 α' 是 $\overline{G}$ 上的可许基本道路，满足 $\alpha' < \alpha$ 和 $\overline{f}(\alpha') = \overline{f}(\alpha)$. 这与 α 是 $\overline{G}$ 上的临界道路相矛盾.

子情形 2.2 存在 $\overline{G_2}$ 上的可许基本道路 γ_2，使得 $\gamma_2 > \alpha_2$ 且 $\overline{f}_2(\gamma_2) = \overline{f}_2(\alpha_2)$. 令 $\alpha'' = \alpha_1 * \gamma_2$. 则 α'' 是 $\overline{G}$ 上的可许基本道路，满足 $\alpha'' > \alpha$ 和 $\overline{f}(\alpha'') = \overline{f}(\alpha)$. 这与 α 是 $\overline{G}$ 上的临界道路相矛盾.

因此，由子情形 2.1 和子情形 2.2 可知，$\alpha_2 \in \mathrm{Crit}_t(\overline{G_2})$.

概括情形 1 和情形 2，引理得证.

注 7.2.2 引理 7.2.3 的逆命题可能不成立. 例如，假设 $f_1 : V(G_1) \to (0, +\infty)$ 是 G_1 上的函数，$f_2 : V(G_2) \to [0, +\infty)$ 是 G_2 上的离散 Morse 函数，其中 $f_2(w) = 0$. 令 $\alpha = v$（其中，v 是 G_1 的任意一个顶点），$\alpha' = w$. 则 α 和 α' 分别是 $\overline{G_1}$ 和 $\overline{G_2}$ 上的临界道路. 令 $\gamma = vw$，则由 $\overline{f}(\gamma) = \overline{f}(\alpha)$ 可知，γ 不是 $\overline{G}$ 上的临界道路.

其次，分别记 $\overline{V}_i$ 和 $\overline{\Phi}_i$ 为 $\overline{G}_i$ 的离散梯度向量场和离散梯度流，$i = 1, 2$. 然后得到

命题 7.2.2 设 $\overline{V}=\mathrm{grad}\,\overline{f}$ 为 $\overline{G}$ 上的离散梯度向量，$\alpha=\alpha_1*\alpha_2$ 为 $\overline{G}$ 上的可许基本路，其中 $\alpha_2\neq 0$. 则 $\overline{V}(\alpha)\neq 0$ 当且仅当 $\overline{V}_1(\alpha_1)\neq 0$ 和 $\overline{V}_2(\alpha_2)\neq 0$ 有且只有一个成立.

证明 $\Rightarrow$ 假设 $\overline{V}(\alpha)\neq 0$. 则存在唯一的 $(n+1)$-可许基本道路 $\gamma\in P(\overline{G})$ 使得 $\gamma>\alpha$ 且 $\overline{f}(\gamma)=\overline{f}(\alpha)$. 由推论 7.2.2 知，$\gamma=\gamma_1*\gamma_2$，其中 $\gamma_1\in P_s(\overline{G}_1)$，$\gamma_2\in P_t(\overline{G}_2)$ 且 $s+t+1=n+1$. 由于 $\alpha_2\neq 0$，从而 $t\geqslant 0$. 因此，或者

$$\gamma_1>\alpha_1 \text{ 且 } \overline{f}_1(\gamma_1)=\overline{f}_1(\alpha_1) \tag{7.3}$$

或者

$$\gamma_2>\alpha_2 \text{ 且 } \overline{f}_2(\gamma_2)=\overline{f}_2(\alpha_2). \tag{7.4}$$

即，或者

$$\overline{V}_1(\alpha_1)\neq 0 \tag{7.5}$$

或者

$$\overline{V}_2(\alpha_2)\neq 0. \tag{7.6}$$

我们断言式(7.3)和式(7.4)只有一个成立. 否则，γ 可以被写作 $\gamma_1*\alpha_2$ 或者 $\alpha_1*\gamma_2$. 这与 γ 的唯一性相矛盾. 因此，式(7.5)和式(7.6)只有一个是成立的.

$\Leftarrow$ 不失一般性，假设 $\overline{V}_1(\alpha_1)=0$ 且 $\overline{V}_2(\alpha_2)\neq 0$. 则 $\overline{G}_2$ 上存在唯一的可许基本路 γ_2，使得 $\gamma_2>\alpha_2$ 且 $\overline{f}_2(\gamma_2)=\overline{f}_2(\alpha_2)$. 令 $\gamma=\alpha_1*\gamma_2$. 则 γ 是 $\overline{G}$ 上的可许基本路，满足 $\gamma>\alpha$ 和 $\overline{f}(\gamma)=\overline{f}(\alpha)$. 因此，$\overline{V}(\alpha)\neq 0$.

引理得证.

注 7.2.3 命题 7.2.2 中的条件"$\alpha_2\neq 0$"不能去掉. 仍然以注 7.2.2 中的例子为例. 令 $\alpha=v$. 则 $\alpha_2=0,\alpha=\alpha_1=v$ 且 $\overline{V}_1(\alpha_1)=0$. 然而，由于 $f_2(w)=0$，因此 $\overline{V}(\alpha)=vw\neq 0$.

注 7.2.4 令 $\alpha=\alpha_1*\alpha_2=v_0\cdots v_p w_0\cdots w_q$ 是 $\overline{G}$ 上的可许基本路，其中 $\alpha_1\in P(\overline{G}_1),\alpha_2\in P(\overline{G}_2)$. 则在"$f_1$ 是正的，f_2 至多有一个零点"的假设

下,有

$$\overline{V}(\alpha) = -<\partial\gamma, \alpha>\gamma$$
$$= -(-1)^{p+i+2}\gamma$$
$$= (-1)^{p+1}\alpha_1 * (-(-1)^{i+1})\gamma_2$$
$$= (-1)^{p+1}\alpha_1 * \overline{V}_2(\alpha_2) \qquad (7.7)$$

其中, $\gamma = v_0 \cdots v_p w_0 \cdots w_i w w_{i+1} \cdots w_q$, $\gamma_2 = w_0 \cdots w_i w w_{i+1} \cdots w_q$ 且 $f_2(w) = 0$, $-1 \leqslant i \leqslant q$ (特别地,如果 $i = -1$, 则 $\gamma = v_0 \cdots v_p w w_0 \cdots w_q$, $\gamma_2 = w w_0 \cdots w_q$; 如果 $i = q$, 则 $\gamma = v_0 \cdots v_p w_0 \cdots w_q w$, $\gamma_2 = w_0 \cdots w_q w$). 因此,如果 $\overline{V}(\alpha) \neq 0$, 则在 G_2 上存在 f_2 的唯一零点,并且对任意可许基本路 $\alpha \in P(\overline{G_1}) \subseteq P(\overline{G})$, 有 $\overline{V}_1(\alpha) = 0$ 且 $\overline{V}(\alpha) \neq 0$ 成立.

再次,考虑 $\Omega_*(G)$ 中元素的结构特征.

引理 7.2.4 设 $G = G_1 * G_2$, $x = \sum_{i=1}^{m} a^{(i)}\alpha^{(i)} \in \Omega_n(G)$, 其中 $\alpha^{(i)} = \alpha_1^{(i)} * \alpha_2^{(i)}$, $\alpha_1^{(i)} \in P_{s_i}(G_1)$, $\alpha_2^{(i)} \in P_{t_i}(G_2)$ 且 $s_i + t_i + 1 = n$. 则 x 可以被写作 $y * z$ 的有限和的形式,其中 $y \in \Omega_*(G_1)$, $z \in \Omega_*(G_2)$.

证明 对每个 $0 \leqslant i \leqslant m$,

$$\partial\alpha^{(i)} = (\partial\alpha_1^{(i)}) * \alpha_2^{(i)} + (-1)^{s_i+1}\alpha_1^{(i)} * (\partial\alpha_2^{(i)}).$$

因此

$$d_k(\alpha^{(i)}) \notin P_{n-1}(G), 0 < k < s_i \Leftrightarrow d_k(\alpha_1^{(i)}) \notin P_{s_i-1}(G_1), 0 < k < s_i$$

且

$$d_k(\alpha^{(i)}) \notin P_{n-1}(G), s_i + 1 < k < s_i + t_i + 1 \Leftrightarrow d_r(\alpha_2^{(i)}) \notin P_{t_i-1}(G_2), 0 < r < t_i,$$

其中 $r = k - (s_i + 1)$.

由于 $x \in \Omega_n(G)$, 从而 $\partial x \in P_{n-1}(G)$. 因此,对于每个给定的 $d_k(\alpha^{(i)}) \notin P_{n-1}(G)$, $1 < k < n$ 来说,其在 ∂x 中的系数一定是 0. 具体来讲,分为两种情形.

情形 1 存在某个脚标 $0 < k < s_i$ 使得 $d_k(\alpha^{(i)}) \notin P_{n-1}(G)$. 则 $d_k(\alpha^{(i)})$ 在 ∂x 的系数是

$$\sum_{\{(l,j) \mid d_l(\alpha_1^{(j)}) = d_k(\alpha_1^{(i)})\}} a_j(-1)^l = 0$$

其中 $\alpha_1^{(j)} \in P_{s_i}(G_1)$, $\alpha_2^{(j)} \in P_{t_i}(G_2)$ 且 $\alpha_2^{(j)} = \alpha_2^{(i)}$. 因此, 通过有限步, 可以得到 G_1 上 s_i-可许基本路的形式线性组合 y, 它包含 $\alpha_1^{(i)}$ 且满足 $y \in \Omega_{s_i}(G_1)$.

情形 2 存在某个脚标 $s_i + 1 < k < s_i + t_i + 1$ 使得 $d_k(\alpha^{(i)}) \notin P_{n-1}(G)$. 则 $d_r(\alpha_2^{(i)}) \notin P_{t_i-1}(G_2)$, $r = k - (s_i + 1)$, $0 < r < t_i$. 类似以上情形 1 的分析, 可以得到 G_2 上可许基本路的形式线性组合 z, 它包含 $\alpha_2^{(i)}$ 且满足 $z \in \Omega_{t_i}(G_2)$.

引理得证.

最后, 由引理 7.2.4, 得

引理 7.2.5 设 $G = G_1 * G_2$, f_1, f_2 分别是 G_1 和 G_2 上的离散 Morse 函数. 令 f 是由 f_1 和 f_2 所决定的 G 上的离散 Morse 函数. 若 $\Omega(G_i)$ 是 $\overline{V}_i$-不变的, 则 $\Omega(G)$ 是 $\overline{V}$-不变的.

证明 由引理 7.2.2 和推论 7.2.1 可知, f 是可延拓的. 不失一般性, 假设 f_1 是正的, f_2 至多有一个零点. 令 $x \in \Omega_n(G)$. 由引理 7.2.4 可得, 证明关键是要说明对任意 $x = y * z \in \Omega_n(G)$, 其中 $y \in \Omega_s(G_1)$, $z \in \Omega_t(G_2)$ 且 $s + t + 1 = n$, 有 $\overline{V}(x) \in \Omega(G)$. 根据 f_2 零点的个数情况, 考虑以下两种情形.

情形 1 f_2 是 G_2 上的正函数. 则由定理 7.2.1 知, f_1, f_2 都是可延拓的且对 $\overline{G}$ 上任意一个可许基本路 α, 有 $\overline{V}(\alpha) = 0$. 因此, $\overline{V}(x) = 0$.

情形 2 存在顶点 $w \in V(G_2)$ 使得 $f_2(w) = 0$. 由于对任意的顶点 $v \in V(G_1)$, $f_1(v) > 0$, 因此由定理 7.2.1 可知, f_1 是可延拓的. 而且, 对任意可许基本路 $\alpha_1 \in P(\overline{G}_1)$, 有

$$\overline{V}_1(\alpha_1) = 0. \tag{7.8}$$

考虑以下两种子情形.

子情形 2.1　$t \geqslant 0$. 令 $y = \sum\limits_{i=1}^{m} a^{(i)} \alpha_1^{(i)}$ 及 $z = \sum\limits_{j=1}^{l} b^{(j)} \alpha_2^{(i)}$，其中 $\alpha_1^{(i)} \in P_s(G_1)$ 且 $\alpha_2^{(j)} \in P_t(G_2)$. 则由式(7.7)和式(7.8)，有

$$\overline{V}(x) = \overline{V}(y * z)$$

$$= \overline{V}\big(a^{(1)} \alpha_1^{(1)} * \sum_{j=1}^{l} b^{(j)} \alpha_2^{(j)} + \cdots + a^{(m)} \alpha_1^{(m)} * \sum_{j=1}^{l} b^{(j)} \alpha_2^{(j)}\big)$$

$$= a^{(1)} \alpha_1^{(1)} * \big((-1)^{p+1} \sum_{j=1}^{l} b^{(j)} \overline{V}_2(\alpha_2^{(j)})\big) + \cdots +$$

$$a^{(m)} \alpha_1^{(m)} * \big((-1)^{p+1} \sum_{j=1}^{l} b^{(j)} \overline{V}_2(\alpha_2^{(j)})\big)$$

$$= (-1)^{p+1} \big(\sum_{i=1}^{m} a^{(i)} \alpha_1^{(i)}\big) * \overline{V}_2(z)$$

$$= (-1)^{p+1} y * \overline{V}_2(z)$$

由于 $\Omega(G_2)$ 是 $\overline{V}_2$-不变的，因而 $\overline{V}_2(z) \in \Omega(G_2)$. 因此，由文献[4,命题 6.4]可知，$\overline{V}(x) \in \Omega(G)$，即 $\Omega(G)$ 是 $\overline{V}$-不变的.

子情形 2.2　$t = -1$. 则 $x = \sum\limits_{i=1}^{m} a^{(i)} \alpha^{(i)} \in \Omega_n(G_1)$，其中 $\alpha^{(i)}, 1 \leqslant i \leqslant m$ 是 G_1 上的可许基本 n-道路.

因此，

$$\overline{V}(x) = -\sum_{i=1}^{m} a^{(i)} < \partial \gamma^{(i)}, \alpha^{(i)} > \gamma^{(i)}$$

$$= (-1)^{n+2} \sum_{i=1}^{m} a^{(i)} \gamma^{(i)}.$$

其中，$\gamma^{(i)} = \alpha^{(i)} * \alpha_2 \in P_{n+1}(G)$ 且 $\alpha_2 = w$. 所以，

$$\partial \overline{V}(x) = (-1)^{n+2} \sum_{i=1}^{m} a^{(i)} \sum_{k=0}^{n+1} (-1)^k d_k(\gamma^{(i)})$$

$$= (-1)^{n+2} \big(\sum_{i=1}^{m} a^{(i)} \sum_{k=0}^{n} (-1)^k d_k(\gamma^{(i)}) + \sum_{i=1}^{m} a^{(i)} (-1)^{n+1} d_{n+1}(\gamma^{(i)})\big)$$

$$= (-1)^{n+2} \sum_{i=1}^{m} a^{(i)} \sum_{k=0}^{n} (-1)^k d_k(\gamma^{(i)}) - \sum_{i=1}^{m} a^{(i)} \alpha^{(i)}$$

$$= \left((-1)^{n+2} \sum_{i=1}^{m} a^{(i)} \sum_{k=0}^{n} (-1)^k d_k(\alpha^{(i)}) \right) * \alpha_2 - x$$

$$= (-1)^{n+2} (\partial x) * \alpha_2 - x.$$

由文献[4,命题 6.4]可知,$(\partial x) * \alpha_2 \in \Omega_n(G)$. 因此,$\partial \overline{V}(x) \in \Omega_n(G) \subseteq P_n(G)$. 这意味着 $\overline{V}(x) \in \Omega(G)$, 即 $\Omega(G)$ 是 $\overline{V}$-不变的.

概括情形 1 和情形 2,引理得证.

7.3 主要定理的证明

在本节中,将给出定理 7.0.1 和定理 7.0.2 的证明.

设 $\{P_*^{\overline{\Phi}}(\overline{G}), \partial_*\}$ 为 $\{P_*(\overline{G}), \partial_*\}$ 中 $\overline{\Phi}$-不变的所有链生成的子链复形. 由文献[47]得到以下定理.

定理 7.3.1[47,推论2.16] 设 G 为有向图,且 f 为 G 上满足条件 $(*)$ 的离散 Morse 函数. 设 $\overline{f}$ 为 f 在 $\overline{G}$ 上的延拓,$\overline{V} = \mathrm{grad} \overline{f}$ 为 $\overline{G}$ 上的离散梯度向量场. 假设 $\Omega_*(G)$ 为 $\overline{V}$-不变. 则

$$H_m(G) \cong H_m(\Omega_*(G) \cap P_*^{\overline{\Phi}}(\overline{G})), m \geqslant 0.$$

首先给出定理 7.0.1 的证明.

定理 7.0.1 的证明:由引理 7.2.2 和推论 7.2.1 可知,f 是可延拓的. 由引理 7.2.5 可知,$\Omega_*(G)$ 是 $\overline{V}$-不变的. 再由定理 7.3.1 可知,定理 7.0.1 得证.

此外,有

定理 7.3.2 设 G 是有向图,$\overline{G}$ 是 G 的传递闭包. 若 $\Omega_*(G)$ 是 $\overline{V}$-不变的且对任意 $\alpha \in \mathrm{Crit}(G) \cap P(G)$,$\overline{\Phi}(\alpha) \in \Omega(G)$,其中 $\overline{V}$ 和 $\overline{\Phi}$ 分别是 $\overline{G}$ 的离散梯度向量场和离散梯度流. 则

$$H_m(\{\mathrm{Crit}_n(\overline{G})\bigcap P_n(G),\tilde{\partial}_n\}_{n\geqslant0})\cong H_m(G;R)$$

其中,$\tilde{\partial}=(\overline{\Phi}^{\infty})^{-1}\circ\partial\circ\overline{\Phi}^{\infty}$,$\overline{\Phi}^{\infty}$ 是 $\overline{\Phi}$ 的稳定映射[①].

接着,给出定理 7.0.2 的证明.

定理 7.0.2 的证明:由引理 7.2.2 可知,f 是 G 上的离散 Morse 函数. 由推论 7.2.1 可知,f 是可延拓的. 令 $\alpha=\alpha_1*\alpha_2\in\mathrm{Crit}_n(\overline{G})\bigcap P_n(G)$,其中 $\alpha_1\in P_s(G_1)$,$\alpha_2\in P_t(G_2)$ 且 $s+t+1=n$. 由于对任意顶点 $v\in P(G_1)$ 都有 $f_1(v)>0$ 且 f_2 只有唯一的零点,所以 $\overline{G}_1$ 上的任意可许基本路在 $\overline{G}$ 上都不是临界的. 因此,$t\geqslant0$. 进一步,由引理 7.2.3 可知,$\alpha_1\in\mathrm{Crit}_s(\overline{G}_1)$ 且 $\alpha_2\in\mathrm{Crit}_t(\overline{G}_2)$. 从而

$$\alpha_1\in\mathrm{Crit}_s(\overline{G}_1)\bigcap P_s(G_1),\alpha_2\in\mathrm{Crit}_t(\overline{G}_2)\bigcap P_t(G_2).$$

由于

$$\mathrm{Crit}(\overline{G}_2)\bigcap P(G_2)=\mathrm{Crit}(\overline{G}_2)\bigcap\Omega(G_2),$$

所以

$$\alpha_2\in\mathrm{Crit}_t(\overline{G}_2)\bigcap\Omega_t(G_2). \tag{7.9}$$

由式(7.8)可知,因为 $\overline{\Phi}_i(\alpha_i)\in\Omega(G_i)$,所以

$$\begin{aligned}\overline{\Phi}_1(\alpha_1)&=(\mathrm{id}+\partial\overline{V}_1+\overline{V}_1\partial)(\alpha_1)\\&=\alpha_1+\overline{V}_1\partial(\alpha_1)\\&=\alpha_1\in\Omega_s(G_1)\end{aligned} \tag{7.10}$$

且

$$\begin{aligned}\overline{\Phi}_2(\alpha_2)&=(\mathrm{id}+\partial\overline{V}_2+\overline{V}_2\partial)(\alpha_2)\\&=\alpha_2+\overline{V}_2\partial(\alpha_2)\in\Omega_t(G_2)\end{aligned} \tag{7.11}$$

因此,由式(7.8)—式(7.11),可得

[①]　参见 LIN Y, WANG C. Witten-Morse functions and Morse inequalities on digraphs[EB/OL]. arXiv:2108.08004.

$$\overline{\Phi}(\alpha) = (\mathrm{id} + \partial V + \overline{V}\partial)(\alpha)$$

$$= (\mathrm{id} + \partial V + \overline{V}\partial)(\alpha_1 * \alpha_2)$$

$$= \alpha_1 * \alpha_2 + \overline{V}\partial(\alpha_1 * \alpha_2)$$

$$= \alpha_1 * \alpha_2 + \overline{V}((\partial\alpha_1) * \alpha_2 + (-1)^{p+1}\alpha_1 * (\partial\alpha_2))$$

$$= \alpha_1 * \alpha_2 + (-1)^p(\partial\alpha_1) * \overline{V}_2(\alpha_2) + (-1)^{p+1}(-1)^{p+1}\alpha_1 * \overline{V}_2(\partial\alpha_2)$$

$$= \alpha_1 * (\alpha_2 + \overline{V}_2\partial(\alpha_2)) + (-1)^p(\partial\alpha_1) * (\alpha_2 + \overline{V}(\alpha_2)) -$$

$$(-1)^p(\partial\alpha_1) * \alpha_2 \in \Omega_n(G).$$

由于 $\Omega(G_i)$ 是 $\overline{V}_i$-不变的,所以由引理 7.2.5 可得,$\Omega(G)$ 是 $\overline{V}$-不变的. 因此,由定理 7.3.2 得,该定理得证.

其次,设 G_1, G_2 都是传递有向图. 则由命题 7.2.1,得

$$\overline{G_1 * G_2} = \overline{G}_1 * \overline{G}_2 = G_1 * G_2.$$

因此,$G_1 * G_2$ 也是传递的. 所以,由引理 7.2.2、推论 7.2.1 和定理 7.3.2 可知,定理 7.0.2 可以被叙述为以下形式.

推论 7.3.1 设 $G = G_1 * G_2$,其中 G_1 和 G_2 都是传递有向图. 设 f_1, f_2 分别是 G_1 和 G_2 上的离散 Morse 函数,f 是 G 上由 f_1 和 f_2 所决定的离散 Morse 函数. 则

$$H_m(\{\mathrm{Crit}_n(G), \tilde{\partial}_n\}_{n \geqslant 0}) \cong H_m(G; R).$$

最后,我们用例子来说明定理 7.0.1 和定理 7.0.2.

例 7.3.1 设 $G_1 = \{V(G_1), E(G_1)\}$ 是有向图,其中顶点集 $V(G_1) = \{v_0, v_1, v_2\}$,有向边集为 $E(G_1) = \{v_0 v_1, v_1 v_2\}$. 设 $f_1 : V(G_1) \to [0, +\infty)$ 是 G_1 上的函数,满足 $f_1(v_1) = 0$,$f_1(v_0) > 0$ 且 $f_1(v_2) > 0$.

设 $G_2 = \{V(G_2), E(G_2)\}$ 是有向图,其中顶点集 $V(G_2) = \{v_3, v_4\}$,有向边集 $E(G_2) = \varnothing$. 设 f_2 是 G_2 上的函数,满足 $f_2(v_3) > 0$ 且 $f_2(v_4) > 0$. 则 f_1 和 f_2 分别是 G_1 和 G_2 上的离散 Morse 函数且 f_1 和 f_2 都是可延拓的.

令 $G = G_1 * G_2$. 事实上,G 是 G_1 上的一个悬浮[4,定义6.13]. 由推论 7.2.1 可

知，f_1 和 f_2 可以定义如式(7.1)的 G 上的离散 Morse 函数 f，并且 f 是可延拓的. 记 $\overline{f}$ 为 f 在 $\overline{G}$ 上的延拓，则

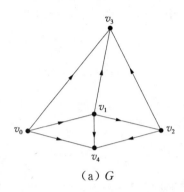

（a）G

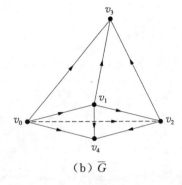

（b）$\overline{G}$

图 7.1　例 7.3.1

$$\Omega(G_1) = P(G_1) = \{v_0, v_1, v_2, v_0v_1, v_1v_2\}, P(\overline{G_1}) = \{v_0, v_1, v_2, v_0v_1, v_1v_2, v_0v_2, v_0v_1v_2\}$$

$$\mathrm{Crit}(\overline{G_1}) = \{v_1\}, \mathrm{Crit}(\overline{G_1}) \bigcap P(G_1) = \{v_1\} = \mathrm{Crit}(\overline{G_1}) \bigcap \Omega(G_1)$$

$$\Omega(G_2) = \{v_3, v_4\}, P(\overline{G_2}) = \{v_3, v_4\}$$

$$\mathrm{Crit}(\overline{G_2}) = \{v_3, v_4\}, \mathrm{Crit}(\overline{G_2}) \bigcap P(G_2) = \{v_3, v_4\}$$

且

$$\overline{V}_1(v_0) = v_0v_1, \quad \overline{V}_1(v_2) = -v_1v_2, \quad \overline{V}_1(v_0v_2) = v_0v_1v_2.$$

$$\overline{V}_1(\alpha_1) = 0, \text{对} \ \overline{G_1} \ \text{上其他任意可许基本路} \ \alpha_1,$$

$$\overline{V}_2(\alpha_2) = 0, \text{对} \ \overline{G_2} \ \text{上任意可许基本路} \ \alpha_2.$$

因此，$\Omega(G_i)$ 是 $\overline{V}_i$-不变的. 进一步地，

$$\overline{\Phi}_1(v_1) = (\mathrm{id} + \partial\overline{V}_1 + \overline{V}_1\partial)(v_1)$$

$$= v_1 \in \Omega(G_1),$$

$$\overline{\Phi}_2(v_3) = (\mathrm{id} + \partial\overline{V}_2 + \overline{V}_2\partial)(v_3)$$

$$= v_3 \in \Omega(G_2)$$

且

$$\overline{\Phi}_2(v_4) = (\mathrm{id} + \partial \overline{V}_2 + \overline{V}_2 \partial)(v_4)$$

$$= v_4 \in \Omega(G_2)$$

因此,对任意 $\alpha_i \in \mathrm{Crit}(\overline{G}_i) \bigcap P_n(G_i)$, 有 $\overline{\Phi}_i(\alpha_i) \in \Omega(G_i), i = 1, 2.$

另一方面,

$$\Omega(G) = \{v_0, v_1, v_2, v_3, v_4, v_0v_1, v_0v_3, v_0v_4, v_1v_2, v_1v_3, v_1v_4, v_2v_3, v_2v_4, v_0v_1v_3,$$

$$v_0v_1v_4, v_1v_2v_3, v_1v_2v_4\}$$

且

$$\overline{V}(v_0) = v_0v_1, \quad \overline{V}(v_2) = -v_1v_2, \quad \overline{V}(v_3) = -v_1v_3, \quad \overline{V}(v_4) = -v_1v_4,$$

$$\overline{V}(v_0v_2) = v_0v_1v_2, \quad \overline{V}(v_0v_3) = v_0v_1v_3, \quad \overline{V}(v_0v_4) = v_0v_1v_4,$$

$$\overline{V}(v_2v_3) = -v_1v_2v_3, \quad \overline{V}(v_2v_4) = -v_1v_2v_4, \quad \overline{V}(v_0v_2v_3) = v_0v_1v_2v_3,$$

$$\overline{V}(v_0v_2v_4) = v_0v_1v_2v_4, \quad \overline{V}(\alpha) = 0, 对 \overline{G} 上其他任意可许基本路 \alpha.$$

$$\overline{\Phi}(v_0) = v_1, \quad \overline{\Phi}(v_1) = v_1, \quad \overline{\Phi}(v_2) = v_1, \quad \overline{\Phi}(v_3) = v_1, \quad \overline{\Phi}(v_4) = v_1,$$

$$\overline{\Phi}(\alpha) = 0, 对 \overline{G} 上其他任意可许基本路 \alpha.$$

由定理 7.0.1 可知,由于

$$\Omega_*(G) \bigcap P_*^{\overline{\Phi}}(\overline{G}) = \{v_1\},$$

因此

$$H_0(\Omega_*(G) \bigcap P_*^{\overline{\Phi}}(\overline{G})) \cong R$$

$$H_m(\Omega_*(G) \bigcap P_*^{\overline{\Phi}}(\overline{G})) = 0 \text{ 对任意 } m \geqslant 1,$$

这与文献[4,命题 6.14]是一致的.

由定理 7.0.2 可知,因为

$$\mathrm{Crit}(\overline{G}) = \{v_1\}, \mathrm{Crit}(\overline{G}) \bigcap P(G) = \{v_1\},$$

所以

$$H_0(\{\mathrm{Crit}_n(\overline{G}) \bigcap P(G), \tilde{\partial}_n\}_{n \geqslant 0}) \cong R,$$

$$H_m(\{\mathrm{Crit}_n(\overline{G}) \bigcap P(G), \tilde{\partial}_n\}_{n \geqslant 0}) = 0 \text{ 对任意 } m \geqslant 1.$$

这与文献[4,命题 6.14]是一致的.

以下例子阐释了推论 7.3.1.

例 7.3.2 设 G_1 是有向图,顶点集为 $V(G_1) = \{v_0, v_1, v_2, v_3\}$,有向边集为 $E(G_1) = \{v_0v_2, v_0v_3, v_1v_2, v_1v_3\}$. 设 $f_1 : V(G_1) \rightarrow [0, +\infty)$ 是 G_1 上的函数,满足 $f_1(v_i) > 0, 0 \leqslant i \leqslant 3$.

设 $G_2 = \{V(G_2), E(G_2)\}$ 是有向图,顶点集为 $V(G_2) = \{v_4, v_5\}$,有向边集为 $E(G_2) = \varnothing$. 设 f_2 是 G_2 上的函数,满足 $f_2(v_4) = 0$ 且 $f_2(v_5) > 0$. 则 f_1 和 f_2 分别是 G_1 和 G_2 上的离散 Morse 函数且 f_1 和 f_2 都是可延拓的.

令 $G = G_1 * G_2$. 由推论 7.2.1 可知,f_1 和 f_2 可以定义 G 上如式(7.1)的离散 Morse 函数 f. 记 $\overline{f}$ 为 f 在 $\overline{G}$ 上的延拓,则

$P(G_1) = \Omega(G_1) = \Omega(\overline{G}_1) = \{v_0, v_1, v_2, v_3, v_0v_2, v_0v_3, v_1v_2, v_1v_3\}$,

$P(G_2) = \Omega(G_2) = \Omega(\overline{G}_2) = \{v_4, v_5\}$

$P(G) = \Omega(G) = \Omega(\overline{G}) = \{v_0, v_1, v_2, v_3, v_4, v_5, v_0v_2, v_0v_3, v_0v_4, v_0v_5, v_1v_2, v_1v_3,$

$v_1v_4, v_1v_5, v_2v_4, v_2v_5, v_3v_4, v_3v_5, v_0v_2v_4, v_0v_2v_5, v_0v_3v_4,$

$v_0v_3v_5, v_1v_2v_4, v_1v_2v_5, v_1v_3v_4, v_1v_3v_5\}$.

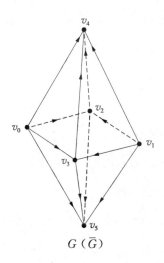

$G(\overline{G})$

图 7.2 例 7.3.2

因此，

$\mathrm{Crit}(\overline{G}) = \mathrm{Crit}(G) = \{v_4, v_5, v_0v_5, v_1v_5, v_2v_5, v_3v_5, v_0v_2v_5, v_0v_3v_5, v_1v_2v_5, v_1v_3v_5\}$

$\overline{V}(v_0) = v_0v_4, \quad \overline{V}(v_1) = v_1v_4, \quad \overline{V}(v_2) = v_2v_4, \quad \overline{V}(v_3) = v_3v_4,$

$\overline{V}(v_0v_2) = -v_0v_2v_4, \quad \overline{V}(v_0v_3) = -v_0v_3v_4, \quad \overline{V}(v_1v_3) = -v_1v_3v_4,$

$\overline{V}(v_1v_2) = -v_1v_2v_4,$

$\overline{V}(\alpha) = 0$ 对 $\overline{G}$ 上其他任意可许基本路 α.

$\overline{\Phi}(v_0) = v_4, \quad \overline{\Phi}(v_1) = v_4, \quad \overline{\Phi}(v_2) = v_4, \quad \overline{\Phi}(v_3) = v_4, \quad \overline{\Phi}(v_4) = v_4,$

$\overline{\Phi}(v_5) = v_5, \quad \overline{\Phi}(v_0v_2) = 0, \quad \overline{\Phi}(v_0v_3) = 0, \quad \overline{\Phi}(v_1v_3) = 0, \quad \overline{\Phi}(v_1v_2) = 0,$

$\overline{\Phi}(v_0v_4) = 0, \quad \overline{\Phi}(v_0v_5) = v_0v_5 - v_0v_4, \quad \overline{\Phi}(v_1v_4) = 0, \quad \overline{\Phi}(v_1v_5) = v_1v_5 - v_1v_4,$

$\overline{\Phi}(v_2v_4) = 0, \quad \overline{\Phi}(v_2v_5) = v_2v_5 - v_2v_4, \quad \overline{\Phi}(v_3v_4) = 0, \quad \overline{\Phi}(v_3v_5) = v_3v_5 - v_3v_4,$

$\overline{\Phi}(v_0v_2v_4) = 0, \quad \overline{\Phi}(v_0v_2v_5) = v_0v_2v_5 - v_0v_2v_4, \quad \overline{\Phi}(v_0v_3v_4) = 0,$

$\overline{\Phi}(v_0v_3v_5) = v_0v_3v_5 - v_0v_3v_4, \quad \overline{\Phi}(v_1v_2v_4) = 0, \quad \overline{\Phi}(v_1v_2v_5) = v_1v_2v_5 - v_1v_2v_4, \quad \overline{\Phi}(v_1v_3v_4) = 0, \quad \overline{\Phi}(v_1v_3v_5) = v_1v_3v_5 - v_1v_3v_4.$

所以，

$\tilde{\partial}(v_0v_5) = v_5 - v_4, \quad \tilde{\partial}(v_1v_5) = v_5 - v_4, \quad \tilde{\partial}(v_2v_5) = v_5 - v_4, \quad \tilde{\partial}(v_3v_5) = v_5 - v_4,$

$\tilde{\partial}(v_0v_2v_5) = v_2v_5 - v_0v_5, \quad \tilde{\partial}(v_0v_3v_5) = v_3v_5 - v_0v_5, \quad \tilde{\partial}(v_1v_2v_5) = v_2v_5 - v_1v_5,$

$\tilde{\partial}(v_1v_3v_5) = v_3v_5 - v_1v_5, \quad \tilde{\partial}(v_1v_2v_5 - v_0v_2v_5 + v_0v_3v_5 - v_1v_3v_5) = 0.$

由推论 7.3.1 可知，

$$H_0(\{\mathrm{Crit}_n(G), \tilde{\partial}_n\}_{n \geqslant 0}) \cong R$$

$$H_1(\{\mathrm{Crit}_n(G), \tilde{\partial}_n\}_{n \geqslant 0}) \cong R$$

$$H_2(\{\mathrm{Crit}_n(G), \tilde{\partial}_n\}_{n \geqslant 0}) \cong R$$

$$H_m(\{\mathrm{Crit}_n(G), \tilde{\partial}_n\}_{n \geqslant 0}) = 0 \text{ 对任意 } m > 2$$

这与文献[4,例 6.17]相一致.

第8章 有向图的基本群和覆盖

基本群是一个重要的拓扑不变量. 经典结果是, 作为一维单形, 图的基本群是自由群[72, P. 242]. 如果将一个二维单形粘到图上, 自由群就会模掉一些等价关系, 基本群就不再是自由群了. 类似地, 由于有向图的基本群是正则圈的 C-同伦等价类, 一般不是自由群.

设 $\mathcal{D}$ 为(带基点)有向图范畴, $\mathcal{G}$ 为(带基点)图的范畴. 设 $F: \mathcal{D} \to \mathcal{G}$ 为遗忘函子, $N: \mathcal{G} \to \mathcal{D}$ 为包含函子. 设 G^* 是带有基点 $*$ 的有向图, 其基本群是圈的 C-同伦意义下的等价类集合, 记为 $\pi_1(G^*)$[10, 定义4.16]. 通过遗忘 G^* 有向边上的所有方向, 得到对应的图 Γ^*. 我们可以类似地定义图 Γ^* 的 C-同伦意义下的基本群, 并将其记成 $\pi_1(\Gamma^*)$. 同时, 若将 Γ^* 看作 1-维单纯复形, 两个圈同伦当且仅当它们是重合的, 将该意义下的基本群记为 $\pi_1^s(\Gamma^*)$.

与文献[11]中的研究不同, 我们主要关注以上 3 种基本群之间的关系. 本章第一个主要结果是在 8.2 节中证明的下列定理.

定理 8.0.1 设 G^* 是带基点有向图, 且每条边都只有一个方向. 则存在从 $\pi_1^s(F(G^*))$ 到 $\pi_1(G^*)$ 及从 $\pi_1(N \circ F(G^*))$ 到 $\pi_1(F(G^*))$ 的满同态.

在经典拓扑理论中, 基本群的代数特征通常可以转化为覆盖空间的几何语言. 在 8.3 节中, 根据文献[51]、文献[73]、文献[74]回顾了覆盖有向图的定义, 并分别证明了命题 8.3.4 中的 C-同伦提升性质和定理 8.3.10 中的映射提升性质.

设 G^* 是带基点有向图，$\widetilde{G}^*$ 是 G^* 的覆盖，$p:\widetilde{G}^* \to G^*$ 是保基点覆盖映射. 则 p 诱导对应图的覆盖映射

$$\hat{p}:F(\widetilde{G}^*) \to F(G^*).$$

该态射诱导群的同态

$$\hat{p}_*:\pi_1^s(F(\widetilde{G}^*)) \to \pi_1^s(F(G^*)).$$

定义群同态 p_*，$\hat{p}_{**}$ 使其满足图 8.1 可交换

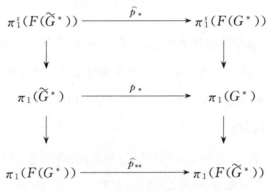

图 8.1　覆盖诱导的基本群之间的同态

本章第二个主要结果是如下定理，在 8.3 节中得到了证明.

定理 8.0.2 p_* 和 $\hat{p}_{**}$ 都是单同态.

最后，在 8.4 节中，我们考虑了圈和万有覆盖. 如果对有向图 G 的任意两个顶点 u,v 存在正则线映射 $\phi:I_n \to G$ 使得 $\phi(0)=u,\phi(n)=v$，则称 G 为连通图. 设 $p:\widetilde{G} \to G$ 为 G 的万有覆盖. 覆盖转化是 G 上恒等映射的提升. 记 $\mathcal{D}(\widetilde{G},p)$ 为 $\widetilde{G}$ 上所有覆盖转化构成的群. 我们有以下结论成立.

定理 8.0.3 设有向图 G 是连通的，$\widetilde{G}$ 是 G 的万有覆盖，覆盖映射为 p，则

$$\mathcal{D}(\widetilde{G},p) \cong \pi_1(G).$$

8.1　预备知识

本节中，主要回顾文献[10]中关于有向图同伦理论的相关概念.

设 G 是有向图，$*$ 是 G 中任意选定的一个顶点,称为基点. 称偶对 $(G,*)$ 为带基点有向图,记作 G^*. 有向图是图的推广,其中每条边都有一个或两个方向. 所有的图都可以看作每条边有两个方向的有向图.

设 I_n 为线图. 对任意 $0 \leqslant i \leqslant n$,通常简记 v_i 为 i. 定义 $\hat{I}_n$ 为与 I_n 具有相同顶点的线图,且

$$i \to j \text{ 是 } \hat{I}_n \text{ 的有向边} \Leftrightarrow (n-i) \to (n-j) \text{ 是 } I_n \text{ 的有向边}.$$

设 I_n, I_m 为两个线图. 定义它们的乘积 $I_n \vee I_m$ 仍为线图,满足 $n \in I_n$ 与 $0 \in I_m$ 重合且所有的有向边仍然保持在 I_n, I_m 中的方向不变.

有向图 G 到 G' 的态射 $f : G \to G'$ 称为同构,如果 f 是 $V(G)$ 到 $V(G')$ 的双射且 f 的逆映射也是有向图之间的态射. 有向图的态射称为保基映射,如果它将基点映射到基点. 对线图 I_n,我们总是假设基点 $*$ 是第一个顶点 v_0.

有向图 G 上的线映射是线图到有向图的态射 $\phi : I_n \to G$. 正则线映射是线映射 $\phi : I_n \to G$,且满足对任意 $k = 0, 1, \cdots, n-1, \phi(k) \neq \phi(k+1)$. 有向图 G^* 上的保基线映射是指保基点的态射 $\phi : I_n^* \to G^*$. G^* 上的圈是一个保基线映射 $\phi : I_n^* \to G^*$,满足 $\phi(n) = \phi(0) = *$. 平凡的圈是指保基线映射 $I_0^* \to G^*$,记为 e.

对线映射 $\phi : I_n \to G$,其逆映射为线映射 $\phi^{-1} : \hat{I}_n \to G$,满足 $\phi^{-1}(i) = \phi(n-i)$. 设 $\phi : I_n \to G, \psi : I_m \to G$ 是两个线映射. 由文献[10,定义 4.16(ⅱ)]知,ϕ 和 ψ 的联结映射为线映射 $\phi \vee \psi : I_{n+m} \to G$,满足

$$(\phi \vee \psi)(i) = \begin{cases} \phi(i), 0 \leqslant i \leqslant n, \\ \psi(i-n), n \leqslant i \leqslant n+m. \end{cases}$$

定义 8.1.1[10,定义4.4]　对 $n \geqslant m$,如果 $h(0) = 0, h(n) = m$,且对任意 $i \leqslant j$ 有 $h(i) \leqslant h(j)$,则有向图映射 $h : I_n \to I_m$ 称为缩紧映射.

定义 8.1.2[10,定义4.5]　设 $\phi : I_n^* \to G^*$ 和 $\psi : I_m^* \to G^*$ 是两个保基线性映射. 从 ϕ 到 ψ 的一步有向 C-同伦是由缩紧映射 $h : I_n \to I_m$ 给出的,满足对任意 $i \in$

$V(I_n)$，都有 $\phi(i)=\psi(h(i))$ 或者 $\phi(i) \rightarrow \psi(h(i))$ 是 G 中的有向边,记为 $\phi \rightarrow \psi$．类似地,从 ϕ 到 ψ 的一步逆 C-同伦是由缩紧映射 $h:I_n \rightarrow I_m$ 给出的,使得对任意 $i \in V(I_n)$，都有 $\phi(i)=\psi(h(i))$ 或者 $\psi(h(i)) \rightarrow \phi(i)$ 是 G 中的有向边,记为 $\psi \rightarrow \phi$．

定义 8.1.3[10,定义4.9]　　两个保基线映射 ϕ 和 ψ 是 C-同伦的,如果存在保基线映射的有限序列 $\{\phi_k\}_{k=1}^m$，使得 $\phi_0=\phi$，$\phi_m=\psi$ 且对任意的 $k=0,1,\cdots,m-1$ 都有 $\phi_k \rightarrow \phi_{k+1}$ 或 $\phi_{k+1} \rightarrow \phi_k$．记为 $\phi \overset{C}{\simeq} \psi$．

设 $\pi_1(G^*)$ 是有向图 G^* 上所有圈在 C-同伦意义下的等价类集合(参见文献[10,定义 4.10])．即

$$\pi_1(G^*)=\{ \text{正则圈 } \phi:I_n^* \rightarrow G^*, n \geq 0\}/\overset{C}{\simeq} \tag{8.1}$$

对任意两个圈

$$\phi:I_n^* \rightarrow G^* \text{ 和 } \psi:I_m^* \rightarrow G^*$$

等价类 $[\phi]$ 和 $[\psi]$ 的积定义为 $[\phi] \cdot [\psi]=[\phi \vee \psi]$[10,定义4.17]且 $\pi_1(G^*)$ 在该乘积运算下构成群,即有向图的基本群[10,引理4.18]．

8.2　有向图范畴和图范畴之间的函子

设 $\mathcal{G}$ 表示图的范畴, $\mathcal{G}^*$ 为带基点图的范畴．设 $\mathcal{D}$ 为有向图范畴, $\mathcal{D}^*$ 为带基点有向图的范畴．则自然有遗忘函子 $F:\mathcal{D} \rightarrow \mathcal{G}$ 和 $F:\mathcal{D}^* \rightarrow \mathcal{G}^*$ 使得有向图上所有有向边的方向全部被遗忘(即没有方向)．同时,存在包含函子 $N:\mathcal{G} \rightarrow \mathcal{D}$ 和 $N:\mathcal{G}^* \rightarrow \mathcal{D}^*$，使得图被看作每个边都有两个方向的特殊有向图．显然,

(ⅰ) $F \circ N = \mathrm{id}:\mathcal{G} \rightarrow \mathcal{G}(\mathcal{G}^* \rightarrow \mathcal{G}^*)$；

(ⅱ) $N \circ F:\mathcal{D} \rightarrow \mathcal{D}(\mathcal{D}^* \rightarrow \mathcal{D}^*)$．

值得注意的是,因为 $N \circ F$ 为原来有向图中每个有向边指定了两个方向,

所以 $N \circ F$ 一般不是恒等映射.

与线图的概念相对应,无向线图 J_n 是一个图,其顶点集为 $V(J_n) = \{0, 1, \cdots, n\}$,边集为 $E(J_n) = \{(k, k+1) \mid k = 0, 1, \cdots, n-1\}$.

我们约定,以下内容中有向线图用符号 I_* 来表示,有向线映射用符号 ϕ, $\psi, \cdots$ 来表示;对应地,无向线图记为 J_*,无向线映射记为 $\Phi, \Psi, \cdots$.

引理 8.2.1　设 G 为有向图,J_n 为无向线图. 则对任何线映射 $\Phi: J_n \to F(G)$,存在一个(可能不唯一)线图 I_n 和一个线映射 $\phi: I_n \to G$ 使得 $F(I_n) = J_n$ 且 $F(\phi) = \Phi$.

证明　将 G 中边 $(\Phi(k), \Phi(k+1))$ 的方向拉回到图 J_n,从而得到一个线图 I_n 和一个有向图意义下的线映射 $\phi: I_n \to G$,使得 $F(\phi) = \Phi$.

以下实例将告诉我们,引理 8.2.1 中满足条件的线图和线映射可能不是唯一的.

注 8.2.1　设 G 是有向图,其中顶点集为 $V(G) = \{v_0, v_1, v_2, v_3\}$,有向边集为

$$E(G) = \{v_0 \to v_1, v_1 \to v_2, v_2 \to v_1, v_2 \to v_3\}.$$

设线图 $I_3 = \{0 \to 1 \leftarrow 2 \to 3\}$,线映射 $\phi: I_3 \to G$ 使得 $\phi(0) = v_0$,$\phi(1) = v_1$,$\phi(2) = v_2$ 及 $\phi(3) = v_3$. 设线图 $I_3' = \{0 \to 1 \to 2 \to 3\}$,线映射 $\phi': I_3' \to G$ 使得 $\phi'(0) = v_0$,$\phi'(1) = v_1$,$\phi'(2) = v_2$ 及 $\phi'(3) = v_3$. 则容易验证 $F(I_3) = F(I_3')$ 且 $F(\phi) = F(\phi')$.

推论 8.2.1　设 G 是有向图. 如果 $\Phi: J_n \to F(G)$ 是一个正则线映射(即对任何 $k = 0, 1, \cdots, n-1$,$\Phi(k) \neq \Phi(k+1)$),并且 G 中的每一条有向边都只有一个方向(即 $u \to v \in E(G)$ 意味着 $v \to u \notin E(G)$),则存在唯一的正则线映射 $\phi: I_n \to G$ 使得 $F(\phi) = \Phi$.

证明　类似引理 8.2.1 的证明直接可得.

无向图意义下保基点的正则圈 $\Phi: J_n^* \to F(G^*)$ 是一个线映射,使得除了

$\Phi(0) = \Phi(n) = *$ 外对其余 $i \neq j$ 都有 $\Phi(i) \neq \Phi(j)$.

推论 8.2.2 设 G^* 是带基点有向图,其中每条边只有一个方向,$F(G^*)$ 是其对应的带基点的图. 则 G^* 上保基点的正则圈(有向图意义下)和 $F(G^*)$ 上保基点的正则圈(无向图意义下)是一一对应的,即

$$F: \{\text{正则圈 } \phi: I_n^* \to G^*, n \geqslant 1\} \to \{\text{正则圈 } \Phi: J_n^* \to F(G^*), n \geqslant 1\}$$

是一个同构.

证明 由推论 8.2.1 可得到对每个保基点的正则圈 $\Phi: J_n^* \to F(G^*)$,存在唯一的保基点的正则圈 $\phi: I_n^* \to G^*$,使得 $F(I_n) = J_n$ 且 $F(\phi) = \Phi$. 另一方面,$\phi: I_n^* \to G^*$ 是一个保基点正则圈,则对除 $\phi(0) = \phi(n) = *$ 外的所有 $i \neq j$ 都有 $\phi(i) \neq \phi(j)$. 因此,通过遗忘 G^* 中有向边的方向,得到唯一的保基点的正则圈 $\Phi: J_n^* \to F(G^*)$,使得 $F(I_n) = J_n$ 且 $F(\phi) = \Phi$.

证毕.

类似地,定义图的 C-同伦.

定义 8.2.1 图映射 $h: J_n \to J_m$ 称为缩紧映射,如果 $h(0) = 0, h(n) = m$ 且 $i \leqslant j$ 时,$h(i) \leqslant h(j)$.

定义 8.2.2 设 Φ 和 Ψ 是两个保基线映射,$\Phi: J_n^* \to \Gamma^*, \Psi: J_m^* \to \Gamma^*$. 这里 Γ^* 是带基点的图,J_n^* 和 J_m^* 带基点的无向线图. 从 Φ 到 Ψ 的一步有向 C-同伦由缩紧映射 $h: J_n \to J_m$ 给出,满足对所有 $i \in V(J_n)$,$\Phi(i) = \Psi(h(i))$ 或者 $(\Phi(i), \Psi(h(i)))$ 是 G 的边. 注意,一步逆 C-同伦与一步有向 C-同伦在图的意义下是一样的. 因此,统称为一步 C-同伦,记为 (Φ, Ψ).

定义 8.2.3 两个保基线映射 Φ 和 Ψ 是 C-同伦的,如果存在保基线映射的序列 $\{\Phi_k\}_{k=0}^N$,使得 $\Phi_0 = \Phi$,$\Phi_m = \Psi$ 且对任意 $k = 0, 1, \cdots, m-1$,Φ_k 和 Φ_{k+1} 是一步同伦的 (Φ_k, Φ_{k+1}). 记作 $\Phi \overset{C}{\simeq} \Psi$.

定义 8.2.4 在 C-同伦意义下,Γ^* 的基本群定义为

$$\pi_1(\Gamma^*) = \{\text{正则圈 } \Phi: J_n^* \to \Gamma^*, n \geqslant 0\} / \overset{C}{\simeq} \tag{8.2}$$

引理 8.2.2　设 G^* 是有向图，$\phi:I_n^* \to G^*$，$\psi:I_m^* \to G^*$（$n \geq m$）是保基线映射. 如果以下任一情况成立：

（ⅰ）$\phi \to \psi$，即存在从 ϕ 到 ψ 的一步有向 C-同伦；

（ⅱ）$\psi \to \phi$，即存在从 ψ 到 ϕ 的一步逆 C-同伦.

则在图的意义下 $F(G^*)$ 中存在从 $F(\phi)$ 到 $F(\psi)$ 的 C-同伦.

证明　由定义 8.1.2 和定义 8.2.2 可以直接证明.

但值得注意的是，引理 8.2.2 的逆可能不成立，即（$F(\phi)$，$F(\psi)$）不一定能推出条件（ⅰ）或条件（ⅱ）. 我们给出以下例子加以说明.

例 8.2.1　设 G_1 是有向图，基点为 v_0，其中

$$V(G_1) = \{v_0, v_1, v_2, v_3, v_4, v_5, v_6\}$$

$$E(G_1) = \{v_0 \to v_1, v_2 \to v_1, v_3 \to v_2, v_4 \to v_3, v_4 \to v_0, v_0 \to v_5, v_5 \to v_6,$$

$$v_6 \to v_0, v_1 \to v_5, v_2 \to v_5, v_3 \to v_6, v_4 \to v_6\}$$

设 $\phi:I_5^* \to G_1^*$ 是保基点的正则圈，其中

$$I_5^*:0(*) \to 1 \leftarrow 2 \leftarrow 3 \leftarrow 4 \to 5$$

且 $\phi(0) = \phi(5) = v_0$，$\phi(1) = v_1$，$\phi(2) = v_2$，$\phi(3) = v_3$，$\phi(4) = v_4$.

设 $\psi:I_3^* \to G_1^*$ 是保基点的正则圈，其中

$$I_3^*:0(*) \to 1 \to 2 \to 3$$

且 $\psi(0) = \psi(3) = v_0$，$\psi(1) = v_5$，$\psi(2) = v_6$.

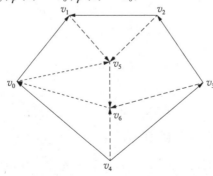

图 8.2　例 8.2.1（G_1）

则不存在有向图意义下的缩紧映射 $h:I_5^* \rightarrow I_3^*$. 因此, ϕ 和 ψ 不是 C-同伦的. 然而, 存在无向图意义下的缩紧映射 $h:J_5^* \rightarrow J_3^*$ 使得 $h(0)=0, h(1)=h(2)=1, h(3)=h(4)=2, h(5)=3$. 对任意 $0 \leqslant i \leqslant 5$, $F(\phi)(i)=F(\psi)(h(i))$ 或 $(F(\phi)(i), F(\psi)(h(i)))$ 是 $F(G)$ 中的边. 因此, $F(\phi)$ 和 $F(\psi)$ 是 C-同伦的.

设 G_2 是有向图, 基点为 v_0, 其中

$V(G_2)=\{v_0, v_1, v_2, v_3, v_4, v_5, v_6\}$,

$E(G_1)=\{v_0 \rightarrow v_1, v_2 \rightarrow v_1, v_3 \rightarrow v_2, v_4 \rightarrow v_3, v_4 \rightarrow v_0, v_0 \rightarrow v_5, v_6 \rightarrow v_5,$

$\quad\quad v_6 \rightarrow v_0, v_1 \rightarrow v_5, v_2 \rightarrow v_5, v_6 \rightarrow v_3, v_4 \rightarrow v_6\}$

设 $\phi':I_5' \rightarrow G_2^*$ 是保基点的正则圈, 其中

$$I_5':0(*) \rightarrow 1 \leftarrow 2 \leftarrow 3 \leftarrow 4 \rightarrow 5$$

且 $\phi'(0)=\phi'(5)=v_0$, $\phi'(1)=v_1$, $\phi'(2)=v_2$, $\phi'(3)=v_3$, $\phi'(4)=v_4$.

设 $\psi':I_3' \rightarrow G_2^*$ 是保基点的正则圈, 其中

$$I_3^*:0(*) \rightarrow 1 \leftarrow 2 \rightarrow 3$$

且 $\psi'(0)=\psi'(3)=v_0, \psi'(1)=v_5, \psi'(2)=v_6$.

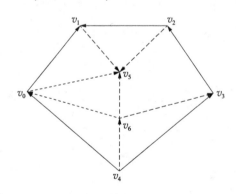

图 8.3 例 8.2.1 (G_2)

则存在有向图意义下的缩紧映射 $h:I_5^* \rightarrow I_3^*$, 使得

$$h(0)=0, h(1)=h(2)=1, h(3)=h(4)=2, h(5)=3.$$

然而, ϕ' 和 ψ' 不是 C-同伦或逆 C-同伦的. 同时, 易证 $F(\phi')$ 和 $F(\psi')$ 是 C-同

伦的.

作为引理 8.2.2 和例 8.2.1 的直接结果,有以下命题.

命题 8.2.1　设 G^* 为有向图,则存在同态 $f: \pi_1(G^*) \to \pi_1(F(G^*))$.

证明　由引理 8.2.2 知,对 $\phi: I_n^* \to G^*$ 和 $\psi: I_m^* \to G^*$,有

ϕ, ψ 代表 $\pi_1(G^*)$ 中同一等价类 $\Leftrightarrow \phi, \psi$ 是 C-同伦的

$$\Rightarrow F(\phi) \text{ 和 } F(\psi) \text{ 是 } C\text{-同伦的}$$

$$\Leftrightarrow F(\phi) \text{ 和 } F(\psi) \text{ 代表 } \pi_1(F(G^*)) \text{ 中同}$$

$$\text{一等价类.}$$

因此,f 是定义良好的.

注 8.2.1　由例 8.2.1 可知,f 不一定是满同态.

由定义 8.2.4 可得,

命题 8.2.2　对任意带有基点的图 Γ^*,存在满同态 $g: \pi_1(N(\Gamma^*)) \to \pi_1(\Gamma^*)$.

证明　根据命题 8.2.1,g 是同态映射. 因此,只需证明 g 是满的. 假设 $[\Phi] = [\Psi]$ 表示 $\pi_1(\Gamma^*)$ 中相同的等价类. 那么 Φ 和 Ψ 是 Γ^* 上基于图的 C-同伦等价意义下的两个正则圈. 设 $\Phi: J_n \to \Gamma^*$,其中 $\Phi(0) = \Phi(n) = *$ 和 $\Psi: J_m \to \Gamma^*$,其中 $\Psi(0) = \Psi(m) = *$,$m \leqslant n$.

由于 $N(\Gamma^*)$ 是一个有向图,其中每条边都被指定有两个方向,因此 $\Phi(J_n)$ 可以被指定 2^n 个方向. 对其中的任何一种给定的方向,在有向图意义下存在唯一的保基正则圈 $\phi: I_n \to N(\Gamma^*)$. 同时,通过在 J_n 和 J_m 之间的收缩映射,我们可以确定唯一的保基正则圈 $\psi: I_m \to N(\Gamma^*)$,使得在 $\pi_1(N(\Gamma^*))$ 中有 $[\phi] = [\phi]$,并且通过遗忘方向,ϕ 是 Φ,而 ψ 是 Ψ.

因此,命题得证.

另外,如果把带基点的图 Γ^* 看作 1-维复形,记此时的基本群为 $\pi_1^s(\Gamma^*)$,则

$$\pi_1^s(\Gamma^*) = \{\Gamma^* \text{ 中的保基点正则圈}\} \tag{8.3}$$

作为 8.2 节的小结,考虑式(8.1)、式(8.2)和式(8.3)中定义的基本群之间的关系,证明了定理 8.0.1.

定理 8.0.1 的证明:对任何保基点的正则圈 $\Phi:J_n \to F(G^*)$,由推论 8.2.1 可知,存在唯一的正则线映射 $\phi:I_n \to G^*$,使得 $F(\phi)=\Phi$. 因此,可以定义映射

$$h:\pi_1^s(F(G^*)) \to \pi_1(G^*)$$

使得 $h([\Phi])=\phi$.

接着,证明 h 是同态. 由定义(8.1)和定义(8.3)可知,对保基点正则圈

$$\Phi:J_n \to F(G^*) \text{ 和 } \Psi:J_m \to F(G^*)$$

有

$$h([\Phi] \cdot [\Psi])=h([\Phi \vee \Psi])=[\phi \vee \psi]=[\phi] \cdot [\psi]$$
$$=h([\Phi]) \cdot h([\Psi]) \in \pi_1(G^*).$$

由推论 8.2.2 可知,对任意保基点正则圈 $\phi:I_n^* \to G^*$,存在唯一的保基点正则圈 $\Phi:J_n^* \to F(G^*)$ 使得 $F(\phi)=\Phi$ 成立. 因此,h 是一个满同态.

由命题 8.2.2 知,存在 $\pi_1(N(\Gamma^*))$ 与 $\pi_1(\Gamma^*)$ 之间的满同态. 因此,定理得证.

8.3 有向图的覆盖

在本节中,回顾了覆盖有向图的定义[51,P.232],[73,P.77],[74,P.64],证明了由覆盖映射诱导的基本群之间的同态是单态,并给出了 C-同伦提升性质和映射提升性质.

对 $V(G)$ 中的任何顶点 v,将其邻域 $\mathrm{nbd}(v)$ 定义为 G 的子有向图,其顶点集为

$$V(\mathrm{nbd}(v))=\{u \in V(G) \mid u \to v \in E(G) \text{ 或者 } v \to u \in E(G) \text{ 或者 } u=v\},$$

有向边集合为

$$E(\mathrm{nbd}(v)) = \{u \to v \in E(G)\} \bigcup \{v \to u \in E(G)\}.$$

有向图 G 的覆盖定义为有向图 $\widetilde{G}$ 及 $\widetilde{G}$ 到 G 的态射(称为覆盖映射) $p : \widetilde{G} \to G$, 满足对 $V(G)$ 中的任何顶点 v, 原像 $p^{-1}(\mathrm{nbd}(v))$ 是集合的不交并

$$p^{-1}(\mathrm{nbd}(v)) = \bigsqcup_{\widetilde{v} \in p^{-1}(v)} \mathrm{nbd}(\widetilde{v}),$$

其中, 每个分支 $\mathrm{nbd}(\widetilde{v})$ 都可以由 p 同构地映到 $\mathrm{nbd}(v)$. 另外, 如果 G^* 是以 v 为基点的带基点有向图, $\widetilde{G}^*$ 是以 $\widetilde{v}$ 为基点的带基点有向图, 且 p 把 $\widetilde{v}$ 映到 v, 那么称 p 是保基点覆盖映射, 并称 $\widetilde{G}^*$ 为 G^* 的带基点覆盖.

8.3.1 有向图的覆盖和 C-同伦提升性质

设 $\widetilde{G}$ 是 G 的覆盖, $p : \widetilde{G} \to G$ 是覆盖映射.

引理 8.3.1 设 v_0 为 G 的基点, $\phi : I_n^* \to G^*$ 为保基线映射. 则对 v_0 的原像中任意一个固定点 $\widetilde{v}_0 \in p^{-1}(v_0)$, 存在唯一的线映射 $\widetilde{\phi} : I_n \to \widetilde{G}$ 使得 $\widetilde{\phi}(0) = \widetilde{v}_0$ 且 $p \circ \widetilde{\phi} = \phi$.

证明 对任意 $0 \leqslant i \leqslant n$, 令 $\phi(i) = v_i$. 则 $\gamma^i = v_0 \cdots v_i$ 为 G 的一个子图, 其顶点集为

$$V(\gamma^i) = \{v_0, \cdots, v_i\},$$

有向边集合为

$$E(\gamma^i) = \{v_k \to v_{k+1} \in E(G)\} \bigcup \{v_{k+1} \to v_k \in E(G)\}, 0 \leqslant k \leqslant i-1.$$

注意, v_1 是 $\mathrm{nbd}(v_0)$ 中的一点. 由于 p 把 $\mathrm{nbd}(\widetilde{v}_0)$ 同构地映射到 $\mathrm{nbd}(v_0)$, 因此, 在 $\mathrm{nbd}(\widetilde{v}_0)$ 中存在唯一的点 $\widetilde{v}_1$ 使得 $p(\widetilde{v}_1) = v_1$. 选取这个点 $\widetilde{v}_1$, 记 $\widetilde{\gamma}^{(1)} = \widetilde{v}_0 \widetilde{v}_1$. 则 $\widetilde{\gamma}^{(1)}$ 是 $\mathrm{nbd}(\widetilde{v}_0)$ 的子图且满足 $p(\widetilde{\gamma}^{(1)}) = \gamma^{(1)}$ 成立, 这里 $\gamma^{(1)} = v_0 v_1$.

假设对 $0 \leqslant i \leqslant n-1, \widetilde{v}_1, \widetilde{v}_2, \cdots, \widetilde{v}_i$ 在 $V(\widetilde{G})$ 中唯一确定, 且满足 $p(\widetilde{\gamma}^{(i)}) = \gamma^{(i)}$, 其中 $\widetilde{\gamma}^{(i)} = \widetilde{v}_0 \widetilde{v}_1 \cdots \widetilde{v}_i$ 且 $\gamma^{(i)} = v_0 v_1 \cdots v_i$. 由于 p 将 $\mathrm{nbd}(\widetilde{v}_i)$ 同构映射到

$\mathrm{nbd}(v_i)$，因此 $\mathrm{nbd}(\tilde{v}_i)$ 中存在唯一的顶点 $\tilde{v}_{i+1}$，使得 $p(\tilde{v}_{i+1})=v_{i+1}$. 因此得到 $p(\tilde{\gamma}^{(i+1)})=\gamma^{(i+1)}$ $(i+1)$.

通过对 i 进行归纳，对任意的 $0 \leqslant i \leqslant n$，顶点 $\tilde{v}_i$ 都存在，并且是唯一确定的. 因此，$\tilde{G}$ 中存在唯一的子有向图 $\tilde{\gamma}$，使得 $p(\tilde{\gamma})=\gamma$，这意味着存在唯一的线映射 $\tilde{\phi}:I_n \to \tilde{G}$，使得 $\tilde{\phi}(0)=\tilde{v}_0$ 和 $p \circ \tilde{\phi}=\phi$ 成立.

引理 8.3.2 设 $p:\tilde{G} \to G$ 为有向图覆盖映射. 设 v 为 G 的基点，$\tilde{v}$ 为 $\tilde{G}$ 的基点，$p(\tilde{v})=v$. 设 $\phi:I_n^* \to G^*$ 和 $\psi:I_m^* \to G^*$ 是两个保基线映射. 如果 ϕ 与 ψ 是一步有向 C-同伦的，则它们的提升也一定是一步有向 C-同伦的.

证明 因为 $\phi:I_n^* \to G^*$ 和 $\psi:I_m^* \to G^*$ 是一步有向 C-同伦的，所以由文献 [10,注 4.6] 存在从 ϕ 到 ψ 的缩紧映射 h 使得对任何 $i \in I_n$，$\phi(i)=\psi(h(i))$ 或 $\phi(i) \to \psi(h(i))$ 是 G 中的有向边. 设 $\tilde{\phi}$ 和 $\tilde{\psi}$ 分别是引理 8.3.1 中给出的 ϕ 和 ψ 的唯一提升. 对任意 $i \in I_n$，设 $\tilde{h}(i)=h(i)$. 由于 p 把 $\mathrm{nbd}(\tilde{\phi}(i))$ 同构地映射到 $\mathrm{nbd}(\phi(i))$，所以 $\tilde{\phi}(i)=\tilde{\psi}(h(i))$ 当且仅当 $\phi(i)=\psi(h(i))$，$\tilde{\phi}(i) \to \tilde{\psi}(h(i))$ 是 $\tilde{G}$ 中的有向边当且仅当 $\phi(i) \to \psi(h(i))$ 是 G 中的有向边. 因此，$\tilde{h}$ 给出了从 $\tilde{\phi}$ 到 $\tilde{\psi}$ 的一步有向 C-同伦.

引理得证.

注 8.3.1 在引理 8.3.2 中，可以用从 ϕ 到 ψ 的一步逆 C-同伦替换从 ϕ 到 ψ 的一步有向 C-同伦，从而得到从 $\tilde{\phi}$ 到 $\tilde{\psi}$ 的一步逆 C-同伦.

命题 8.3.1(C-同伦提升性质) 给定一个保基覆盖映射 $p:\tilde{G}^* \to G^*$，两个保基线映射 $\phi:I_n^* \to G^*$ 和 $\psi:I_m^* \to G^*$，以及一个从 ϕ 到 ψ 的 C-同伦 $\{\phi_k\}_{k=0}^N$，其中 $\phi_0=\phi$，$\phi_N=\psi$，则存在从提升 $\tilde{\phi}$ 到提升 $\tilde{\psi}$ 的唯一 C-同伦 $\{\tilde{\phi}_k\}_{k=0}^N$ 使得 $\tilde{\phi}_0=\tilde{\phi}$，$\tilde{\phi}_N=\tilde{\psi}$ 且对任意 $k=0,1,\cdots,N$，$p(\tilde{\phi}_k)=\phi_k$.

证明 由引理 8.3.1 知，对任意 $k=0,1,\cdots,N$，ϕ_k,ψ_k 的提升 $\tilde{\phi}_k$ 及 $\tilde{\psi}_k$ 都是唯一的. 首先，假设 ϕ 和 ψ 是一步有向 C-同伦或一步逆 C-同伦，缩紧映射为 h. 则有交换图(图 8.4)

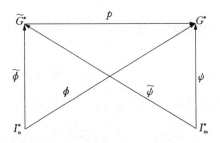

图 8.4　命题 8.3.1：线映射的提升

成立. 但图 8.5 可能不交换

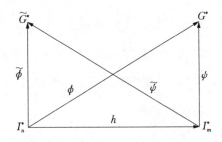

图 8.5　命题 8.3.1：C-同伦提升

在上述第二张图示中, 如果 h 是一步有向 C-同伦, 则对任意 $i \in I_n$, 有 $\phi(i) = \psi(h(i))$ 或 $\phi(i) \to \psi(h(i))$ 是 G 中的有向边; 如果 h 是一步逆 C-同伦, 则 $\phi(i) = \psi(h(i))$ 或 $\psi(h(i)) \to \phi(i)$ 是 G 中的有向边. 与引理 8.3.2 的证明类似, 由于 $\mathrm{nbd}(\phi(i))$ 同构于 $\mathrm{nbd}(\widetilde{\phi}(i))$, 因此, 如果 h 是一步有向 C-同伦, 则 $\widetilde{\phi}(i) = \widetilde{\psi}(h(i))$ 或 $\widetilde{\phi}(i) \to \widetilde{\psi}(h(i))$ 是 $\widetilde{G}$ 中的有向边; 如果 h 是一步逆 C-同伦, 则 $\widetilde{\phi}(i) = \widetilde{\psi}(h(i))$ 或 $\widetilde{\psi}(h(i)) \to \widetilde{\phi}(i)$ 是 $\widetilde{G}$ 中的有向边. 因此, $\widetilde{\phi}$ 和 $\widetilde{\psi}$ 通过 h 是一步有向 C-同伦的或一步逆 C-同伦的.

其次, 对一般 $N > 1$ 的情形. 因为存在从 ϕ 到 ψ 的 C-同伦 $\{\phi_k\}_{k=0}^N$, 使得 $\phi_0 = \phi, \phi_N = \psi$ 成立, 所以存在提升序列 $\{\widetilde{\phi}_k\}_{k=0}^N$, 使得 $\widetilde{\phi}_0 = \widetilde{\phi}, \widetilde{\phi}_N = \widetilde{\psi}$ 且对每个 $0 \leqslant k \leqslant N-1, \widetilde{\phi}_k$ 到 $\widetilde{\phi}_{k+1}$ 是一步有向 C-同伦的或一步逆 C-同伦的. 因此, $\widetilde{\phi}$ 和 $\widetilde{\psi}$ 是 C-同伦的.

8.3.2 有向图的覆盖和基本群

引理 8.3.3 设 $p: \widetilde{G}^* \to G^*$ 为有向图覆盖映射. 则由 p 诱导的群同态 $p_*: \pi_1(\widetilde{G}^*) \to \pi_1(G^*)$ 是单同态且 $p_*(\pi_1(\widetilde{G}^*))$ 作为 $\pi_1(G^*)$ 的子群,包含 G^* 中一些保基正则圈的 C-同伦等价类,这些保基正则圈在 $\widetilde{G}^*$ 上的提升是 $\widetilde{G}^*$ 中的保基正则圈.

证明 首先证明 p_* 是单的. p_* 的核是由保基正则圈 $\widetilde{\phi}: I_n^* \to \widetilde{G}^*$ 为代表元的 C-同伦等价类,满足其在 G 上的投影 $\phi = p \circ \widetilde{\phi}$ 是与平凡圈 $e: I_0^* \to G^*$ C-同伦的保基正则圈. 因此,ϕ 和 e 属于 $\pi_1(G^*)$ 的同一等价类. 由命题 8.3.1 可知,$\widetilde{\phi}$ 和 $\widetilde{e}$ 是 $\pi_1(\widetilde{G}^*)$ 中的相同等价类,其中 $\widetilde{e}: I_0^* \to \widetilde{G}^*$ 是平凡圈. 所以 $\mathrm{Ker}(p_*) = \{[\widetilde{e}]\}$,即 p_* 是单的.

其次,$\pi_1(\widetilde{G}^*)$ 中的每个元素是一个由 $\widetilde{G}^*$ 中的保基正则圈 $\widetilde{\phi}$ 为代表元的 C-同伦等价类. 注意,$p \circ \widetilde{\phi}$ 是 G^* 中的保基正则圈 ϕ,满足 ϕ 在 $\widetilde{G}^*$ 中的提升是 $\widetilde{\phi}$. 因此,$p_*(\pi_1(\widetilde{G}^*))$ 由 G^* 中保基正则圈的 C-同伦类组成,满足这些正则圈在 $\widetilde{G}^*$ 上的提升是 $\widetilde{G}^*$ 中的保基正则圈.

引理得证.

现在给出定理 8.0.2 的证明.

定理 8.0.2 的证明:

（ⅰ）由引理 8.3.3 可得,$\mathrm{Ker}(p_*) = \{[\widetilde{e}]\}$.

（ⅱ）设 $\widetilde{\Phi}$ 是 $F(\widetilde{G}^*)$ 上保基正则圈,满足在图的意义下 $\widehat{p} \circ \widetilde{\Phi} = \Phi \overset{C}{\simeq} e$. 由命题 8.3.1 可知,$\widetilde{\Phi}$ 与 $\widetilde{e}: J_0^* \to F(\widetilde{G}^*)$ 是 C-同伦的,即

$$\mathrm{Ker}(\widehat{p}_{**}) = \{[\widetilde{\Phi}] \mid \text{在图的意义下 } \widetilde{\Phi} \overset{C}{\simeq} \widetilde{e}\} = \{[\widetilde{e}]\}.$$

由条件（ⅰ）和条件（ⅱ）知,定理得证.

注 8.3.2 注意,因为从 $\pi_1(\widetilde{G}^*)$ 到 $\pi_1(F(\widetilde{G}^*))$ 的同态不一定是满同态,

因而 $\mathrm{Ker}(\hat{p}_{**})$ 中等价类的代表元 $\tilde{\Phi}$ 不一定能写成 $F(\tilde{\phi})$ 的形式. 这里, 在有向图意义下 $\tilde{\phi} \overset{C}{\simeq} \tilde{e}$.

接下来, 给出 C-同伦的保基正则圈的提升性质. 这是单值引理的类似物.

引理 8.3.4 设 $p:\tilde{G}^* \to G^*$ 是一个保基覆盖映射, ϕ 和 ψ 是 G^* 中的两个保基正则圈. 如果 $\phi \overset{C}{\simeq} \psi$, 则它们在 $\tilde{G}^*$ 中的提升 $\tilde{\phi}$ 和 $\tilde{\psi}$ 具有相同的终点(它们的起点都是 $\tilde{G}^*$ 的基点).

证明 首先, 假设 ϕ 和 ψ 通过缩紧映射 h 是一步有向 C-同伦的或一步逆 C-同伦的. 设 v 是 ϕ (或 ψ) 的终点, 然后通过与命题 8.3.1 中 $\mathrm{nbd}(v)$ 类似的讨论, 可得提升 $\tilde{\phi}$ 与 $\tilde{\psi}$ 具有相同的终点. 其次, 假设 $N \geqslant 1$, ϕ 到 ψ 存在 C-同伦 $\{\phi_k\}_{k=0}^N$, 其中 $\phi_0 = \phi$ 且 $\phi_N = \psi$. 则通过第一步可知, 对每个 $0 \leqslant k \leqslant N-1$, ϕ_k 和 ϕ_{k+1} 的提升具有相同的终点. 因此, $\tilde{\phi}$ 和 $\tilde{\psi}$ 也具有相同的终点.

引理得证.

有向图 G 称为连通的, 如果对 G 的任意两个顶点 u 和 v, 存在正则线映射 $\phi:I_n \to G$, 使得 $\phi(0)=u$ 且 $\phi(n)=v$.

引理 8.3.5 设 G 是连通有向图. 则对 $\pi_1(G)$ 中的每一个元素, 都可以找到 G 上的恒等映射的提升与之相对应.

证明 设 $[\phi] \in \pi_1(G)$, 它表示在 C-同伦等价意义下 G 中的一个正则圈的等价类. 对任意 $\tilde{v} \in V(\tilde{G})$, 设 $v = p(\tilde{v}) \in V(G)$. 由文献[10, 定理 4.20 (iii)]可得, 存在正则圈 $\phi_v:I_n \to G$, 使得 $\phi_v(0)=\phi_v(n)=v$ 且 $[\phi_v]=[\phi]$ 成立. 由引理 8.3.1 知, 存在唯一的正则线映射 $\tilde{\phi}_v:I_n \to \tilde{G}$, 使得 $\tilde{\phi}_v(0)=\tilde{v}$ 且 $p \circ \tilde{\phi}_v = \phi_v$, 记 $\tilde{\phi}_v(n)=\tilde{v}'$. 则 $[\phi]$ 给出了 $\tilde{G}$ 上的自映射 $\tilde{f}$, 满足 $\tilde{f}(\tilde{v})=\tilde{v}'$.

设 $\psi_v:I_m \to G$ 是 $[\phi]$ 的另一个代表元, 使得 $\psi_v(0)=\psi_v(m)=v$ 且 $[\psi_v]=[\phi]$. 类似地, 由引理 8.3.1 知, 存在唯一的正则线映射 $\tilde{\psi}_v:I_m \to \tilde{G}$ 使得 $p \circ \tilde{\psi}_v = \psi_v$ 且 $\tilde{\psi}_v(0)=\tilde{v}$. 由引理 8.3.4 知, $\tilde{\phi}_v$ 和 $\tilde{\psi}_v$ 有相同的终点. 因此, $\tilde{f}$ 的定义与代表元的选取无关. 又由于 $p \circ \tilde{f}=p$, 因此, $\tilde{f}$ 是 G 上自映射的提升.

引理得证.

设 G 是连通有向图,$p:\widetilde{G}\to G$ 是覆盖映射. 对于 $V(G)$ 中的所有顶点 v 而言,$p^{-1}(v)$ 的基数是一个常数,称这个基数为覆盖的层数. 层数至多是可数的.

引理 8.3.6 设 $p:\widetilde{G}^{*}\to G^{*}$ 保基覆盖映射. 如果 G 是连通的,则 p 的层数等于 $p_{*}(\pi_1(\widetilde{G}^{*}))$ 在 $\pi_1(G^{*})$ 中的指数.

证明 对 G^{*} 中任意以 G^{*} 的基点 v 为起点的保基正则圈 ϕ,设 $\widetilde{\phi}$ 是其在 $\widetilde{G}^{*}$ 中以 $\widetilde{G}^{*}$ 的基点 $\widetilde{v}$ 为起点的提升,则终点 $\widetilde{\phi}(n)$ 一定在 $p^{-1}(v)$ 中. 设 ψ 是 G^{*} 中保基正则圈,其 C-同伦等价类 $[\psi]$ 属于 $p_{*}(\pi_1(\widetilde{G}^{*}))$. 则 ψ 在 $\widetilde{G}^{*}$ 中的提升 $\widetilde{\psi}$ 是保基正则圈. 从而 $\psi\vee\phi$ 在 $\widetilde{G}^{*}$ 中有提升 $\widetilde{\psi}\vee\widetilde{\phi}$,且终点与 $\widetilde{\phi}$ 相同. 定义从 $\{p_{*}(\pi_1(\widetilde{G}^{*}))[\phi]\mid[\phi]\in\pi_1(G^{*})\}$ 到 $\widetilde{\phi}$ 终点的映射 φ. 由引理 8.3.4 知,φ 是定义良好的. 由于 G^{*} 是连通的,因此对任意的 $w\in p^{-1}(v)$,存在 $\widetilde{G}^{*}$ 上的保基线映射,其在 G^{*} 的投影是保基正则圈. 因此,φ 是满射的.

另一方面,对 $\pi_1(G^{*})$ 中的等价类 $[\phi]$ 和 $[\psi]$,如果 $\widetilde{\phi}$ 和 $\widetilde{\psi}$ 在 $\widetilde{G}^{*}$ 中有相同的终点,则 $\widetilde{\psi}^{-1}\vee\widetilde{\phi}$ 是 $\widetilde{G}^{*}$ 中的一个保基正则圈,且 $\widetilde{\psi}^{-1}\vee\widetilde{\phi}$ 代表 $\pi_1(\widetilde{G}^{*})$ 中的一个元. 因此,$[\psi^{-1}]\cdot[\phi]$ 属于 $p_{*}(\pi_1(\widetilde{G}^{*}))$,这意味着 φ 是单的. 所以,φ 是双射. p 的层数等于 $p_{*}(\pi_1(\widetilde{G}^{*}))$ 在 $\pi_1(G^{*})$ 中的指数.

接下来的定理给出一般映射提升的存在性和唯一性,而不只是同伦的提升.

定理 8.3.1 设 $p:(\widetilde{G},\widetilde{v})\to(G,v)$ 是有向图的保基覆盖映射,$f:(H,u)\to(G,v)$ 是有向图之间的保基映射,H 是连通的. 则存在 f 的提升 $\widetilde{f}:(H,u)\to(\widetilde{G},\widetilde{v})$ 使得 $f=p\circ\widetilde{f}$ 和 $\widetilde{f}(u)=\widetilde{v}$ 成立当且仅当 $f_{*}(\pi_1(H^{*}))\subseteq p_{*}(\pi_1(\widetilde{G}^{*}))$. 而且,提升是唯一的.

证明 类似于文献 [49,命题 1.33] 的证明. 首先,假设存在 f 的提升 $\widetilde{f}$ 满足 $f=p\circ\widetilde{f}$ 成立. 则图 8.6 是可交换的.

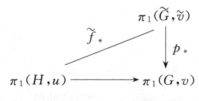

图 8.6　定理 8.3.1：映射的提升

因此，$f_*(\pi_1(H^*)) \subseteq p_*(\pi_1(\widetilde{G}^*))$.

另一方面，假设

$$f_*(\pi_1(H^*)) \subseteq p_*(\pi_1(\widetilde{G}^*)). \tag{8.4}$$

由于 H 是连通的，则对任意的 $y \in V(H)$ 存在正则线映射 $\phi : I_n^* \to H$ 使得 $\phi(0) = u$ 且 $\phi(n) = y$. 由引理 8.3.1 可知，保基线映射 $f \circ \phi$ 有唯一的提升 $\widetilde{f \circ \phi}$，使得 $p \circ (\widetilde{f \circ \phi}) = f \circ \phi$. 定义 $\widetilde{f}(y) = \widetilde{f \circ \phi}(n)$. 我们断言 $\widetilde{f} : H^* \to G^*$ 的定义与 ϕ 的选取无关. 设 $\psi : I_m \to H$ 是不同于 ϕ 的一个保基正则线映射，满足 $\psi(0) = u$ 和 $\psi(n) = y$. 则 $\phi \vee \psi^{-1}$ 是 H^* 中的保基正则圈，使得 $f \circ (\phi \vee \psi^{-1}) = (f \circ \phi) \vee (f \circ \psi^{-1})$ 是 G^* 中的保基正则圈. 由式(8.4)和引理 8.3.3 可得，$(f \circ \phi) \vee (f \circ \psi^{-1})$ 的提升是 $\widetilde{G}$ 中的保基正则圈. 因而由引理 8.3.1 中的唯一性得，$\widetilde{f \circ \phi}$ 和 $\widetilde{f \circ \psi}$ 有相同的终点. 这表明 $\widetilde{f}(y)$ 不依赖于 ϕ 的选取. 因此 $\widetilde{f}$ 是定义良好的.

接下来，证明 $\widetilde{f}$ 是有向图映射. 设 $x \to y$ 是 H^* 中的一条有向边. 为了叙述上的方便，将其看作正则线映射 $\psi : I_1 \to H$ 满足 $\psi(0) = x$ 且 $\psi(1) = y$. 另外，由于 H 是连通的，所以存在保基线映射 $\phi : I_n^* \to H^*$ 使得 $\phi(0) = u$ 和 $\phi(n) = x$ 成立. 从而得到联结线映射 $\phi \vee \psi : I_{n+1}^* \to H^*$ 使得 $(\phi \vee \psi)(0) = u$ 和 $(\phi \vee \psi)(n+1) = y$ 成立. 因此，$f \circ \phi : I_n^* \to G^*$ 是保基线映射，满足

$$(f \circ \phi)(0) = f(u) = v, (f \circ \phi)(0) = f(x) \in V(G) \ \text{且}$$

$f \circ (\phi \vee \psi) : I_{n+1}^* \to G^*$ 是保基线映射，满足 $(f \circ (\phi \vee \psi))(0) = v$ 且 $(f \circ (\phi \vee \psi))(n+1) = f(y)$. 设 $\widetilde{f \circ \phi}$ 和 $\widetilde{f \circ (\phi \vee \psi)}$ 分别是 $f \circ \phi$ 和 $f \circ (\phi \vee \psi)$ 的提升. 因为 f 是有向图映射，因此，$f(x) = f(y)$ 或 $f(x) \to f(y)$. 考虑以下两种

情形：

（ⅰ）$f(x) = f(y)$. 由引理 8.3.1 知，$\widetilde{f}(x) = \widetilde{f \circ \phi}(n) = \widetilde{f \circ (\phi \vee \psi)}$ $(n+1) = \widetilde{f}(y)$.

（ⅱ）$f(x) \to f(y)$. 由引理 8.3.1 和覆盖的局部同构性质可得，

$$\widetilde{f \circ \phi}(n) \to \widetilde{f \circ (\phi \vee \psi)}(n+1),$$

这意味着 $\widetilde{f}(x) \to \widetilde{f}(y)$ 是 $\widetilde{G}^*$ 中的有向边. 所以，$\widetilde{f}$ 是有向图映射.

最后，证明提升的唯一性. 反证. 若 $\widetilde{f}_1$ 和 $\widetilde{f}_2$ 都是 f 的提升，使得 $p \circ \widetilde{f}_i = f$ 且 $\widetilde{f}_i(u) = \widetilde{v}, i = 1, 2$. 则对任意顶点 $y \in V(H)$，由于 H 是连通的，所以存在保基线映射 $\phi : I_n^* \to H^*$ 使得 $\phi(0) = u$ 和 $\phi(n) = y$. 因此，$\widetilde{f_1 \circ \phi}$ 和 $\widetilde{f_2 \circ \phi}$ 都是 $f \circ \phi$ 的提升. 由引理 8.3.1 中的唯一性可知，$\widetilde{f_1 \circ \phi} = \widetilde{f_2 \circ \phi}$ 且 $\widetilde{f_1 \circ \phi}(0) = \widetilde{f_2 \circ \phi}(0) = \widetilde{v}$. 因此，

$$\widetilde{f}_1(y) = \widetilde{f_1 \circ \phi}(n) = \widetilde{f_2 \circ \phi}(n) = \widetilde{f}_2(y),$$

且 $\widetilde{f}_i(y)$ 不依赖于 ϕ 的选取. 所以，由 y 的任意性可得 f 的提升是唯一的.

8.4　圈和万有覆盖

设 $p : \widetilde{G} \to G$ 是有向图覆盖映射. 我们称 $\widetilde{G}$ 是 G 的万有覆盖，如果对任意覆盖映射 $p' : G' \to G$，都存在覆盖映射 $q : \widetilde{G} \to G'$ 使得 $p = p' \circ q$ 成立. 注意对 $v \in G$ 及 $v' \in G'$，

$$\# p^{-1}(v) = (\# (p')^{-1}(v')) \cdot (\# q^{-1}(v)).$$

因此，在有向图 G 的所有覆盖中，万有覆盖的层数最大.

由文献[49, P.85, 引理 1A.3]知，图 $F(G)$ 上有万有覆盖 $\widetilde{F(G)}$ 且 $\widetilde{F(G)}$ 是(可能无限)树. 设万有覆盖映射为 $p : \widetilde{F(G)} \to F(G)$. 通过将有向图 G 中有向边的方向拉回到图 $F(G)$ 的边上，可以得到 G 的万有覆盖 $\widetilde{G}$，使得图 8.7 可交换.

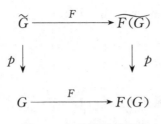

图 8.7　万有覆盖的拉回

即有向图 G 的万有覆盖是一个有向图 $\tilde{G}$，它所对应的无向图是一个树[74]，且在同构意义下是唯一的[50-51].

设 G 是连通有向图，$\tilde{G}$ 是 G 的万有覆盖，p 是万有覆盖映射. 设 $\tilde{f}:\tilde{G}\to\tilde{G}$ 是 G 上恒等映射的提升. 则以下性质成立：

①对每一个顶点 $\tilde{v}\in V(\tilde{G})$，由于 $p\circ\tilde{f}=p$，所以 $\tilde{f}(\tilde{v})=\tilde{v}'$，其中 $p(\tilde{v})=p(\tilde{v}')$.

②作为有向图映射，$\tilde{f}$ 把 $E(\tilde{G})$ 中的每条有向边都映成有向边.

进一步，有

引理 8.4.1　设 $\tilde{f}_1,\tilde{f}_2:\tilde{G}\to\tilde{G}$ 是 G 上恒等映射的提升，若对某个顶点 $\tilde{v}\in V(\tilde{G})$ 有 $\tilde{f}_1(\tilde{v})=\tilde{f}_2(\tilde{v})$ 成立. 则 $\tilde{f}_1=\tilde{f}_2$.

证明　设 $\tilde{f}:\tilde{G}\to\tilde{G}$ 是 G 上恒等映射的提升，使得 $\tilde{f}(\tilde{v})=\tilde{v}'$ 且 $p(\tilde{v})=p(\tilde{v}')$ 成立. 由于 $\tilde{G}$ 是 G 的万有覆盖，所以 $\tilde{G}$ 作为无向图是一个树. 又由于 G 是连通的，所以对任意 $\tilde{u}\in V(\tilde{G})$，存在且仅存在一个正则线映射 $\tilde{\phi}:I_n\to\tilde{G}$ 使得 $\tilde{\phi}(0)=\tilde{v}$ 且 $\tilde{\phi}(0)=\tilde{u}$. 由①和②可知，存在唯一的顶点 $\tilde{u}'$，使得 $\tilde{f}(\tilde{u})=\tilde{u}'$. 引理得证.

引理 8.4.2　设 G 是连通有向图，$\tilde{G}$ 是 G 的万有覆盖，覆盖映射为 p. 设 $\tilde{v}$，$\tilde{v}'\in p^{-1}(v)$，$v\in V(G)$. 则存在 G 上恒等映射的提升 $\tilde{f}$ 且 $\tilde{f}$ 是 $\tilde{G}$ 上的自同构.

证明　由文献[10，定理 4.20（ⅲ）]可知，$\pi_1(\tilde{G},\tilde{v})\cong\pi_1(\tilde{G},\tilde{v}')$. 由定理 8.3.1 知，存在有向图映射 $\tilde{f}:(\tilde{G},\tilde{v})\to(\tilde{G},\tilde{v}')$ 和 $\tilde{g}:(\tilde{G},\tilde{v}')\to(\tilde{G},\tilde{v})$ 使得 $p\circ\tilde{f}=p$ 和 $p\circ\tilde{g}=p$ 分别成立. 因此，$p\circ\tilde{f}\circ\tilde{g}=p$ 和 $\mathrm{id}_{(\tilde{G},\tilde{v}')}:(\tilde{G},\tilde{v}')\to(\tilde{G},\tilde{v})$ 都是覆

盖映射 $(\widetilde{G},\widetilde{v}') \to (G,v)$ 的提升. 由定理 8.3.1 中的唯一性可知, $\widetilde{f} \circ \widetilde{g} = \mathrm{id}_{(\widetilde{G},\widetilde{v})}$. 类似可证 $\widetilde{g} \circ \widetilde{f} = \mathrm{id}_{(\widetilde{G},\widetilde{v})}$. 因此, $\widetilde{f}:(\widetilde{G},\widetilde{v}) \to (\widetilde{G},\widetilde{v}')$ 是 $\widetilde{G}$ 上的自同构.

引理得证.

例 8.4.1 设 G 是连通有向图, $\phi:I_n \to G$ 是正则圈, 使得对任意 $0 \leqslant i \leqslant n, \phi(i)=v_i$ 且 $v_0=v_n \in V(G)$. 由文献[74, P.65]和文献[73, 章节 1.1]可知, G 的万有覆盖 $\widetilde{G}$ 作为无向图是一个无限树. 因此, 由引理 8.3.6 得, 覆盖映射的层数是可数的.

由引理 8.4.2 可知, 连通有向图 G 的恒等映射的所有提升在映射的复合运算下构成一个群. 将该群记作 $\mathcal{D}(\widetilde{G},p)$, 其中 $\widetilde{G}$ 是 G 的万有覆盖, p 是覆盖映射.

引理 8.4.3 设 G 是连通有向图, $\widetilde{G}$ 是 G 的万有覆盖, p 是覆盖映射. 则存在 $\mathcal{D}(\widetilde{G},p)$ 到 $\pi_1(G)$ 的同态.

证明 设 $\widetilde{f}:\widetilde{G} \to \widetilde{G}$ 是有向图 G 上自映射的任意提升, 使得 $\widetilde{f}(\widetilde{v})=\widetilde{v}'$. 由引理 8.4.1 可知, $\widetilde{f}$ 是唯一确定的. 由①得, $p(\widetilde{v})=p(\widetilde{v}')=v \in V(G)$. 由于 G 是连通的且 $\widetilde{G}$ 是 G 的万有覆盖, 因此, 存在唯一的正则线映射 $\widetilde{\phi}:I_n \to \widetilde{G}$ 使得 $\widetilde{\phi}(0)=\widetilde{v}$ 和 $\widetilde{\phi}(n)=\widetilde{v}'$. 因此, G 上存在唯一的以 v 为基点的正则圈 $\phi_{\widetilde{f}}=p \circ \widetilde{\phi}$. 所以, 存在映射

$$H:\mathcal{D}(\widetilde{G},p) \to \pi_1(G)$$

使得 $H(\widetilde{f})=[\phi_{\widetilde{f}}] \in \pi_1(G)$.

接下来, 证明以上定义的 H 是一个同态. 设 $\widetilde{g}$ 是 G 上恒等映射的提升, 满足 $\widetilde{g}(\widetilde{v}')=\widetilde{v}''$. 类似可证, 存在唯一的正则线映射 $\widetilde{\psi}:I_n \to \widetilde{G}$ 使得 $\widetilde{\psi}(0)=\widetilde{v}'$ 和 $\widetilde{\psi}(n)=\widetilde{v}''$. 该线映射诱导了 G 上以 v 为基点的正则圈 $\psi_{\widetilde{g}}=p \circ \widetilde{\psi}$. 因此,

$$H(\widetilde{g} \circ \widetilde{f})=[\phi_{\widetilde{f}} \vee \psi_{\widetilde{g}}]=[\phi_{\widetilde{f}}] \cdot [\psi_{\widetilde{g}}]=H(\widetilde{f}) \cdot H(\widetilde{g}).$$

引理得证.

定理 8.0.3 的证明: 由引理 8.4.3 知, 存在从 $\mathcal{D}(\widetilde{G},p)$ 到 $\pi_1(G)$ 的同态

H. 我们断言 H 是单的. 即对 G 上恒等映射的任意两个不同的提升映射 $\tilde{f}, \tilde{g}$, 其中 $\tilde{f}(\tilde{v}) = \tilde{v}', \tilde{g}(\tilde{v}) = \tilde{v}'', \tilde{v}' \neq \tilde{v}'', \tilde{v}, \tilde{v}', \tilde{v}'' \in V(\widetilde{G})$, 则一定有 $H(\tilde{f}) \neq H(\tilde{g})$ 成立. 否则, $H(\tilde{f}) = H(\tilde{g})$. 设 $\tilde{\phi}: I_n \to \widetilde{G}$ 是 $\widetilde{G}$ 上的正则线映射, 使得 $\tilde{\phi}(0) = \tilde{v}$ 且 $\tilde{\phi}(n) = \tilde{v}'$. 设 $\tilde{\psi}: I_m \to \widetilde{G}$ 是正则线映射, 使得 $\tilde{\psi}(0) = \tilde{v}$ 且 $\tilde{\psi}(m) = \tilde{v}''$. 则 $\phi_{\tilde{f}} = p \circ \tilde{\phi} \overset{C}{\simeq} \psi_{\tilde{g}} = p \circ \tilde{\psi}$. 由命题 8.3.1 得 $\tilde{\phi} \overset{C}{\simeq} \tilde{\psi}$; 由引理 8.3.4 得, $\tilde{\phi}(n) = \tilde{\psi}(m)$. 这 与 $\tilde{v}' \neq \tilde{v}''$ 矛盾. 所以, H 是单的.

另一方面, 由引理 8.3.5 可知, H 是满的.

因此, $\mathcal{D}(\widetilde{G}, p) \cong \pi_1(G)$. 定理得证.

参考文献

［1］王冲,任世全. 有向图及其道路同调的 Δ-集刻画［J］. 数学的实践与认识,
　　2019,49(22)：238-247.

［2］HAPPEL D. Hochschild cohomology of finite dimensional algebras［J］//
　　Séminaire d'Algèbre Paul Dubreil et Marie-Paul Malliavin. Berlin：
　　Springer Berlin Heidelerg,1989,1404：108-126.

［3］BARCELO H, CAPRARO V, WHITE J A. Discrete homology theory for
　　metric spaces［J］. Bull Lond Math. Soc.,2014,46,889-905.

［4］GRIGOR' YAN A,LIN Y,MURANOV Y, et al. Homologies of path
　　complexes and digraphs［EB/OL］.［2021-12-03］. http：arxiv. org/abs/
　　1207. 283404.

［5］GRIGOR' YAN Y, LIN Y, MURANOV Y, et al. Cohomology of
　　digraphs and (undirected) graphs［J］. Asian J. Math.,2015：19 (5)：
　　887-932.

［6］GRIGOR' YAN A, MURANOV Y, YAU S T. On a cohomology of
　　digraphs and Hochschild cohomology［J］. J. Homotopy Relat. Struct.,
　　2016,11(2)：209-230.

［7］GRIGOR' YAN A,MURANOV Y,YAU S T. Homologies of digraphs

and Künneth formulas [J]. Commun. Anal. Geom. , 2017, 25 （5）: 969-1018.

[8] GRIGOR' YAN A, MURANOV Y, VERSHININ V, et al. path homology theory of multigraphs and quivers[J]. Forum Math. ,2018,30 (5): 1319-1337.

[9] GRIGOR' YAN A, LIN Y, YAU S T. Torsion of digraphs and path complexes[EB/OL]. [2020-12-14]. https://arxiv. org/abs/2012. 07302V1.

[10] GRIGOR' YAN A,LIN Y,MURANOV Y, et al. Homotopy theory for digraphs[J]. Pure Appl. Math. Q. ,2014,10 (4): 619-674.

[11] GRIGOR' YAN A,JIMENEZ R,MURANOV Y. Fundamental groupoids of digraphs and graphs[J]. Czechoslovak Mathematical Journal. 2018,68 (143): 35-65.

[12] KELIN X, XIN F, TONG Y, et al. Persistent homology for the quantitative prediction of fullerene stability [J]. Journal of Computational Chemistry, 2015,36(6): 408-422.

[13] KELIN X, LI Z M, MU L, Multiscale persistent functions for biomolecular structure characterization[J]. Bulletin of Mathematical Biology, 2018,80(1): 1-31.

[14] KELIN X, GUO W W. Persistent homology analysis of protein structure, flexibility [J]. and folding, International Journal for Numerical Methods in Biomedical Engineering, 2014,30 (8): 814-844.

[15] KELIN X, ZHAO Z X, GUO W W. Multiresolution persistent homology for excessively large biomolecular datasets[J]. The Journal of

Chemical Physics, 2015, 143 (13): 10B603.

[16] PETRI G, SCOLAMIERO M, DONATO I, et al. Networks and Cycles: A Persistent Homology Approach to Complex Networks[M]// Proceedings of the European Conference on Complex Systems 2012. Cham: Springer International Publishing, 2013:93-99.

[17] EDELSBRUNNER H, LETSCHER D, ZOMORODIAN A. Topological persistence and simplification [J]. Discrete and Computational Geometry, 2002(28): 511-533.

[18] ZOMORODIAN A, CARLSSON G. Computing persistent homology [J]. Discrete and Computational Geometry, 2005, 33(2): 249-274.

[19] GHRIST R, Barcodes: the persistent topology of data[J]. Bulletin of the American Mathematical Society N. S. , 2008, 45(1): 61-75.

[20] COHEN-STEINER D, EDELSBRUNNER H, HARER J. Stability of persistence diagrams[J]. Discrete and Computational Geometry, 2007 (37): 103-120.

[21] CARLSSON G, ZOMORODIAN A. The theory of multidimensional persistence. Discrete and Computational Geometry, 2009, 42(1), 71-93.

[22] CERRI A, LANDI C. The persistence space in multidimensional persistent homology[M]//Discrete Geometry for Computer Imagery. Lecture Notes in Computer Science, 2013, (7749): 180-191.

[23] CERRI A, LANDI C. Hausdorff stability of persistence spaces[J]. Foundations of Computational Mathematics, 2016, 16(2): 343-367.

[24] BOTNAN M B, LESNICK M. Algebraic stability of zigzag persistence

modules [J]. Algebraic and Geometric Topology, 2018, 18（6）: 3133-3204.

[25] BUBENIK P, VERGILI T. Topological space of persistence modules and their properties[J]. Journal of Applied and Computational Topology, 2018,2(3): 233-269.

[26] DAWSON R J M. Homology of weighted simplicial complexes[J]. Cahiers Topol. Geom. Differ. Cat. , 1990(31): 229-243.

[27] HORAK D, JOST J. Spectra of combinatorial Laplace operators on simplicial complexes[J]. Adv. Math. , 2013,244:303-336.

[28] REN S, WU C, WU J. Computational Tools in Weighted Persistent Homology[J]. Chinese Annals of Mathematics Series B. 2021,42（2）: 237-258.

[29] REN S, WU C Y, WU J. Weighted persistent homology[J]. Rocky Mountain J. Math. ,2018,48（8）: 2661-2687.

[30] CHOWDHURY S, ME'MOLI F. Persistent path homology of directed networks[M]//Proceedings of the Twenty-Ninth Annual ACM-SIAM Symposium on Discrete Algorithms, Philodelphia, PA: Society for Industrial and Applied Mathematics, 2018:1152-1169.

[31] WANG C, REN S Q, LIN Y. Persistent Homology of Vertex-Weighted Digraphs[J]. Advance in Mathematics (China), 2020,49(6): 737-755.

[32] WANG C, REN S Q, LIU J, A Künneth Formula for Finite Sets[J]. Chinese Annals of Mathematics, Series B, 2021, 42(6): 801-812.

[33] WANG C. KÜNNETH A. Formula for the Embedded Homology[J].

American Journal of Applied Mathematics, 2021, 9(1): 31-37.

[34] FORMAN R. Morse theory for cell complexes. Advances in Mathematics, 1998, 134: 90-145.

[35] FORMAN R. A user's guide to discrete Morse theory [M]. Sém. Lothar. Combin. , 2002.

[36] FORMAN R. Discrete Morse theory and the cohomology ring [J]. Trans. Amer. Math. Soc. , 2002, 354(12): 5063-5085.

[37] FORMAN R. Witten-Morse theory for cell complexes [J]. Topology, 1998, 37(5): 945-979.

[38] KOZLOV D N. Discrete Morse theory for free chain complexes [J]. Comptes Rendus Math, 2005, 340(12): 867-872.

[39] SKÖLDBERG E. Morse theory from an algebraic viewpoint [J]. Transactions of the American Mathematical Society, 2006, 358 (1): 115-129.

[40] JOLLENBECK M, WELKER V. Minimal resolutions via algebraic discrete Morse theory [J]. Memoirs of the American Mathematical Soc. , 2009, 197(923).

[41] AYALA R, FERNA' NDEZ L M, VILCHES J A. Discrete Morse inequalities on infinite graphs [J]. Electron. J. Combin. , 2009, 16 (1): R38.

[42] AYALA R, FERNA' NDEZ L M, VILCHES J A. Morse inequalities on certain infinite 2-complexes [J]. Glasg. Math. J. , 2007, 49 (2): 155-165.

[43] AYALA R, FERNA'NDEZ L M, FERNA'NDEZ-TERNERO D, et al.

Discrete Morse theory on graphs[J]. Topol. Appl. , 2009, 156 (18):
3091-3100.

[44] AYALA R, FERNA'NDEZ L M, QUINTERO A, et al. A note on the
pure Morse complex of a graph[J]. Topol. Appl. , 2008, 155(17/18):
2084-2089.

[45] KANNAN H, SAUCAN E, ROY I, et al. Persistent homology of
unweighted complex networks via discrete Morse theory[J]. Scientific
Reports, 2019, 9 (1): 13817.

[46] MISCHAIKOW K, NANDA V. Morse theory for filtrations and eflcient
computation of persistent homology [J]. Discrete Comput. Geom. ,
2013, 50 (2): 330-353.

[47] LIN Y, WANG C, YAU S T. Discrete Morse theory on digraphs[J].
Pure and Applied Mathematics Quarterly. , 2021, 17(5): 1711-1737.

[48] WANG C, ZHAO S Q, CUI S W. Discrete Morse Theory on Join of
Digraphs[J]. Wuhan University Journal of Natural Sciences, 2022, 27
(4): 303-312.

[49] HATCHER A. Algebraic topology [M]. Cambridge University
Press, 2002.

[50] ANGLUIN D. Local and global properties in networks of processors[J].
ACM Sympo- sium on the Theory of Computing, 1989, 23(1): 113-128.

[51] LEIGHTON F T. Finite common coverings of graphs[J]. J. Combin.
Theory Ser. B, 1982, 33(3): 231-238.

[52] MILNOR J W. The geometric realization of a semi-simplicial complex

[J]. Ann. of Math. ,1957,65 (2): 357-362.

[53] KAN D M. A combinatorial definition on homotopy groups[J]. Ann. of Math. ,1958,67(2): 288-312.

[54] KAN D M. On homotopy theory and C. S. S. groups[J]. Ann. of Math, 1958,68 (1): 38-53.

[55] CURTIS E B. Simplicial homotopy theory[J]. Advances in Math. ,1971, 6(2): 107-209.

[56] GOERSS P G, JARDINE J F. Simplicial Homotopy Theory[M]. Berlin: Birkhäuser, 1999.

[57] BERRICK A J, COHEN F R, WONG Y L, et al. Configurations[J]. braids and homotopy groups. J. Amer. Math. Soc. , 2006, 19 (2): 265-326.

[58] DUZHIN F. Simplicial description of Artin's braid groups and their representations [C]. Proceedings of the 5th Asian Mathematical Conference, 2009, Malaysia.

[59] BRESSAN S, LI J Y, Ren S Q, et al. The embedded homology of hypergraphs and applications[J]. Asian Journal of Mathematics, 2019, 23 (3): 479-500.

[60] DUVAL A, REINER V. Shifted simplicial complexes are Laplacian integral[J]. Trans. Amer. Math. Soc. ,2002,354(11): 4313-4344.

[61] ECKMANN B. Harmonische funktionen und randwertaufgaben in einem komplex. Comment. Math. Helv. ,1944,17 (1): 240-255.

[62] BERGE C. Graphs and hypergraphs[M]. North-Holland Mathematical

Library. Amsterdam, 1973.

[63] Bang-Jensen J, GUTIN G Z. Digraphs: Theory, Algorithms and Applications [M]//Springer Monographs in Mathematics. London: Springer London, 2009.

[64] HORAK D, JOST J. Interlacing inequalities for eigenvalues of discrete Laplace operators [J]. Ann. Global Anal. Geom., 2013, 43 (2): 177-207.

[65] MUNKRES J R. Elements of Algebraic Topdogy [M]. Massachusetts Institute of Technology Cambridge, Massachusetts, Addison-Wesley Publishing Company, 1984.

[66] EMTANDER E. Betti numbers of hypergraphs[J]. Commun. Algebra, 2009, 37 (5): 1545-1571.

[67] LUNG R I, GASKÓ N, SUCIU M A, A hypergraph model for representing scientific output [J]. Scientometrics, 2018, 117 (3): 1361-1379.

[68] KLAMT S, HAUS V U, THEIS F. Hypergraphs and cellular networks [J]. PLoS Computational Biology, 2009, 5(5): e1000385.

[69] CHUNG F R K, GRAHAM R L. Cohomological aspects of hypergraphs [J]. Trans. Amer. Math. Soc., 1992, 334 (1): 365-388.

[70] JOHNSON J. Hypernetworks of complex systems [M]//Complex Sciences, Series Lecture Notes of the Institute for Computer Sciences, Social Informatics and Telecommunications Engineering, Berlin, Heidelberg: Springer Berlin Heidelberg, 2009: 364-375.

［71］WANG C. Discrete Morse Functions on Digraphs and Their Equivalence ［J］. ACTA SCIENTIARUM NATURALIUM UNIVERSITATIS NANKAIENSIS,2023,56(2):7-11.

［72］HILTON P J, WYLIE S. An introduction to algebraic topology-homology theory［M］. London:Cambridge University Press,1960.

［73］GROSS J L, TUCKER T W. Topological graph theory［M］. New York: Wiley,1987.

［74］NORRIS N. Universal covers of graphs: Isomorphism to depth n-1 implies isomorphism to all depths［J］. Discrete Applied Mathematics, 1995,56 (1):61-74.

后 记

回顾本书的主要研究内容,我们主要利用拓扑学方法及理论对有向图进行了一定的研究. 由第 2 章可知,有向图和超图在一定情况下可统一,因此,关于二者的拓扑学理论始终相互影响、相互促进. 例如,Hodge 分解问题、离散 Morse 理论问题、随机游走问题等. 事实上,我们对比单纯复形上的加权同调,在第 3 章初步研究了顶点加权有向图的加权持续道路同调,得到当有向图顶点集上的权重函数非退化时,域系数的加权持续道路同调与不加权情形是同构的. 一个可能的未来的研究课题是考虑 p-模系统的 p-局部或 p-完全环,这将诱导同调的 Bockstein 谱序列. 不仅如此,在更大的集合范畴,在更一般的交换么环系数下,我们考虑了有限集上的代数 Künneth 公式,这为证明主理想整环系数下有向图上的 Künneth 公式提供了一种思路,为进一步研究超图的上同调理论奠定了基础.

在第 6 章、第 7 章中,证明了有向图的道路同调与其 Morse 复形的同调是同构的,给出了乘积有向图(联结)的离散 Morse 理论. 事实上,对任意给定的单纯复形,我们可以将其所有的单形看成顶点,将单形之间面的包含关系看作有向边,从而构造基于单纯复形的 Hasse 图,那么,易证该有向图是传递有向图,且其基于道路复形的离散 Morse 理论与原单纯复形的经典离散 Morse 理论是一致的.

进一步地,还可以考虑有向图卡积上的离散 Morse 理论或在水平集上定义过滤,考虑有向图的持续道路同调,即用有向图上的离散 Morse 理论去简化有向图持续道路同调群的计算.考虑加权有向图的离散 Morse 理论,考虑将有向图的离散 Morse 理论与 Reidemeister 挠率相结合,给出有向图的 Witten-Morse 理论,探讨进一步将研究成果程序化并应用于复杂网络数据分析的持续同调研究中.这也是近期内主要研究的课题和方向.

在第 8 章中,基于范畴理论,主要研究了有向图和其对应的无向图(简称"图")在不同同伦等价意义下基本群之间的关系,证明了覆盖映射所诱导的覆盖图和底图的基本群之间的同态是单同态,证明了万有覆盖的覆盖转化群与原有向图在 C-同伦意义下的基本群是同构的.这为进一步研究有向图上"尼尔森不动点理论"奠定了一定的理论基础.

然而,经典的代数拓扑与微分拓扑有着非常丰富的理论成果.例如,庞加莱对偶是拓扑学研究中的一个基本观念.所有已知的有意义的空间都和这个对偶性有关,同时这个对偶给予空间极为丰富的代数性质;MV 序列是代数拓扑的常用技巧,在奇异同调和上同调中都很有用;代数拓扑中覆叠空间和基本群之间的 Galois 对应,高维情形下的 Hurewicz 定理等.这些理论和方法目前在有向图上并没有完整、系统的结论①.

Morse 理论是研究微分拓扑的基本工具.一些重要的方法,像 Smale 发展出来的柄体空间分解(handle-body decomposition),是根据 Morse 理论而来的.四维以上的 Poincaré 猜想也是用 Morse 理论解决的.同时,示性类和纤维丛的理论协助奠立了现代几何和拓扑的基石.它是规范场论的基础,规范场论是用于描述所有粒子基本作用力的理论.

尤其是随着互联网的快速发展,出现了大量的复杂网络.在大数据背景下,复杂网络通常具有很多数量的顶点和道路.单纯地利用计数、组合或者曲率的

---

① 由文献[10]可知,Hurewicz 定理的高维情况,对于有向图不成立.

方法,有时可能遇到数据量过大的问题. 而拓扑方法,有可能克服这一障碍. 有向图是数据科学家对复杂网络进行分析、计算与仿真的重要数学模型. 利用有向图的拓扑理论研究复杂网络的整体性质,可将复杂网络做形变坍塌(collapse),借助于单纯复形的 simple homotopy type 和 collapse 工具,化为数据量较小的复杂网络,然后再求拓扑不变量,更为深刻地揭示复杂网络的几何和拓扑结构. 因此,有向图的拓扑学研究任重而道远,我们需要与其他数学分支或学科相联系,从不同视角,利用不同方法去刻画研究对象,了解数学结论背后的内涵,不断推动拓扑学在科技进步与时代发展中的重要作用,绽放数学的魅力.

索 引